化学の要点シリーズ 27

アルケンの合成

どのように立体制御するか

日本化学会 [編]
安藤香織 [著]

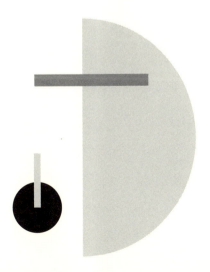

共立出版

『化学の要点シリーズ』編集委員会

編集委員長	井上晴夫	首都大学東京 特別先導教授
		東京都立大学名誉教授
編集委員 (50音順)	池田富樹	中央大学 研究開発機構　教授
		中国科学院理化技術研究所　教授
	伊藤　攻	東北大学名誉教授
	岩澤康裕	電気通信大学 燃料電池イノベーション
		研究センター長・特任教授
		東京大学名誉教授
	上村大輔	神奈川大学特別招聘教授
		名古屋大学名誉教授
	佐々木政子	東海大学名誉教授
	高木克彦	有機系太陽電池技術研究組合（RATO）理事
		名古屋大学名誉教授
	西原　寛	東京大学理学系研究科　教授
本書担当編集委員	上村大輔	神奈川大学特別招聘教授
		名古屋大学名誉教授
	垣内史敏	慶應義塾大学理工学部　教授

『化学の要点シリーズ』
発刊に際して

　現在，我が国の大学教育は大きな節目を迎えている．近年の少子化傾向，大学進学率の上昇と連動して，各大学で学生の学力スペクトルが以前に比較して，大きく拡大していることが実感されている．これまでの「化学を専門とする学部学生」を対象にした大学教育の実態も大きく変貌しつつある．自主的な勉学を前提とし「背中を見せる」教育のみに依拠する時代は終焉しつつある．一方で，インターネット等の情報検索手段の普及により，比較的安易に学修すべき内容の一部を入手することが可能でありながらも，その実態は断片的，表層的な理解にとどまってしまい，本人の資質を十分に開花させるきっかけにはなりにくい事例が多くみられる．このような状況で，「適切な教科書」，適切な内容と適切な分量の「読み通せる教科書」が実は渇望されている．学修の志を立て，学問体系のひとつひとつを反芻しながら咀嚼し学術の基礎体力を形成する過程で，教科書の果たす役割はきわめて大きい．

　例えば，それまでは部分的に理解が困難であった概念なども適切な教科書に出会うことによって，目から鱗が落ちるがごとく，急速に全体像を把握することが可能になることが多い．化学教科の中にあるそのような，多くの「要点」を発見，理解することを目的とするのが，本シリーズである．大学教育の現状を踏まえて，「化学を将来専門とする学部学生」を対象に学部教育と大学院教育の連結を踏まえ，徹底的な基礎概念の修得を目指した新しい『化学の要点シリーズ』を刊行する．なお，ここで言う「要点」とは，化学の中で最も重要な概念を指すというよりも，上述のような学修する際の「要点」を意味している．

本シリーズの特徴を下記に示す.

1）科目ごとに，修得のポイントとなる重要な項目・概念などをわかりやすく記述する.

2）「要点」を網羅するのではなく，理解に焦点を当てた記述をする.

3）「内容は高く」，「表現はできるだけやさしく」をモットーとする.

4）高校で必ずしも数式の取り扱いが得意ではなかった学生にも，基本概念の修得が可能となるよう，数式をできるだけ使用せずに解説する.

5）理解を補う「専門用語，具体例，関連する最先端の研究事例」などをコラムで解説し，第一線の研究者群が執筆にあたる.

6）視覚的に理解しやすい図，イラストなどをなるべく多く挿入する.

本シリーズが，読者にとって有意義な教科書となることを期待している.

『化学の要点シリーズ』編集委員会
井上晴夫（委員長）

池田富樹　伊藤　攻　岩澤康裕　上村大輔

佐々木政子　高木克彦　西原　寛

はじめに

　アルケンは膨大な数の天然有機化合物や生理活性物質，機能性材料にみられる基本的な構造単位で，幾何異性体により化合物の機能や活性は大きく異なります．異性体の分離は困難な場合が多く，立体選択的な合成法の確立は有機合成化学者にとって挑戦すべき大きな課題の一つとなっています．

　アルケン合成の初期の段階においては，第2章で紹介するアルコールの脱水反応やハロアルカン類の脱離反応からアルケンを合成する方法が中心でした．これらの方法では，アルケンの位置や立体の制御は原料の構造や生成物の安定性に依存する部分が大きく，それらを任意に制御することは特殊な例を除いて困難でした．アルキンからアルケンを合成する方法では，アルキンの立体選択的水素化反応，ヒドロメタル化反応，カルボメタル化反応など有用な反応が多数開発されています．しかし，これら反応は分子内に多くの官能基を有するような系には必ずしも適用できるとは限りません．さらに，原料アルキンをまず合成する必要があります．現在，生理活性物質や天然有機化合物の合成で頻繁に利用されているのは，カルボニル化合物のオレフィン化反応，クロスカップリング反応，そしてオレフィンメタセシス反応です．

　第3章ではパラジウム触媒を用いる溝呂木-Heck 反応，根岸カップリング，鈴木-宮浦カップリング，右田-小杉-Stille カップリングなどのクロスカップリング反応の基礎を紹介します．これらは非常に高い立体特異性でアルケンを与える有用な反応です．

　第4章ではカルボニル化合物を用いる Wittig 反応，HWE 反応，Peterson 反応，Julia-Kocienski 反応などのオレフィン化反応を紹

介します．筆者はカルボニル化合物を用いるアルケンの立体選択的合成法の開発を専門に研究しているため，本書では第4章に最も多くのページを割きその進歩の過程を詳しく紹介しました．先人の努力の跡を若い人たちに知っていただきたい，長い時間をかけて蓄積された「アルケン合成の技」を受け継いでいただきたいと願って執筆しました．

　オレフィンメタセシス反応も非常に重要な反応で，2つのオレフィン間で組み換えを行うという面白い反応です．しかし紙面の関係もあり，森美和子先生の『化学の要点シリーズ2　メタセシス反応』（共立出版，2012）でまとめられているので，本書では第3章の最後に簡単な解説文を付け加えただけになっています．是非，上記の本をご参照ください．

　本書は有機合成化学の基礎的な部分を既に学んだ学部生の方，大学院生の方，研究者として一歩を踏み出した方のために執筆しました．大学の基礎有機化学の内容から，実際にアルケンの合成を行うために必要な知識まで，最低限の内容は入れたつもりです．アルケンの合成について困った時，本書がお役に立てることを願っています．また，研究者として迷った時には先人の努力の跡を感じていただければと思います．

　2018年9月

安藤　香織

目　　次

第1章　アルケンについての基礎知識 ……………………………… 1

第2章　アルケンの基本的な合成法 ………………………………… **5**

2.1　β脱離反応による合成方法 ……………………………………… 5
　2.1.1　アルコールの脱水反応（E1脱離反応） ……………… 6
　2.1.2　ハロアルカンの塩基による脱離反応（E2脱離反応） …… 7
　2.1.3　熱によるシン脱離反応 ……………………………… 9
2.2　アルキンからのアルケン合成 …………………………………… 11
　2.2.1　水素化反応による合成 ……………………………… 12
　2.2.2　ヒドロメタル化反応による合成 …………………… 13
　2.2.3　カルボメタル化による合成 ………………………… 15
参考文献 ………………………………………………………………… 16

第3章　クロスカップリング反応を用いるアルケンの
　　　　立体選択的合成 …………………………………………… **17**

3.1　溝呂木-Heck反応 ……………………………………………… 18
3.2　有機金属反応剤とのカップリング反応 ……………………… 23
　3.2.1　根岸カップリング …………………………………… 24
　3.2.2　鈴木-宮浦カップリング …………………………… 26
　3.2.3　右田-小杉-Stille カップリング ………………… 29
　参考文献 ……………………………………………………………… 33

viii　目　次

第4章　カルボニル化合物からアルケンの立体選択的合成 …**35**

4.1　Wittig 反応 …………………………………………………………35
　4.1.1　不安定イリド ……………………………………………37
　4.1.2　安定イリド ………………………………………………39
　4.1.3　準安定イリド ……………………………………………43
4.2　Horner–Wadsworth–Emmons（HWE）反応 …………………48
　4.2.1　HWE 反応の反応機構 …………………………………52
　4.2.2　反応条件や試薬の構造による立体選択性の制御 ………56
　4.2.3　シス選択的 HWE 試薬 …………………………………59
　4.2.4　ニトリル試薬 ……………………………………………66
　4.2.5　アミド試薬 ………………………………………………68
　4.2.6　スルホン試薬 ……………………………………………72
4.3　Peterson 反応 ……………………………………………………73
　4.3.1　α-シリルケトンを用いるアルケンの立体選択的合成 …76
　4.3.2　α,β-エポキシシランを経るアルケンの
　　　　 立体選択的合成 …………………………………………78
　4.3.3　末端アルケンの合成 ……………………………………79
　4.3.4　α-シリル酢酸エステル試薬の合成と反応 ……………80
　4.3.5　α-シリルアセトニトリル試薬，アミド試薬，スルホン
　　　　 試薬の合成と反応 ………………………………………85
4.4　Julia オレフィン化反応 ………………………………………90
　4.4.1　ジエンの合成，ポリエンの合成への利用 ……………96
　4.4.2　末端アルケンの合成 ……………………………………99
　4.4.3　生理活性天然物の合成への応用例 ……………………101
4.5　高井-内本オレフィン化反応 …………………………………104

参考文献 ………………………………………………………………105

目　次　*ix*

おわりに……………………………………………………………111

索　　引……………………………………………………………113

コラム目次

1．パラダサイクル触媒 ……………………………………… **20**
2．ロスバスタチンカルシウム（高コレステロール血症治療薬）
　　の合成 …………………………………………………… **40**
3．インフルエンザ治療薬，タミフルの合成 ……………… **50**
4．生理活性アルケンの幾何異性は生体に厳密に認識される … **62**
5．赤潮毒ギムノシン–A の全合成 ………………………… **70**

官能基略号表

本文 表記	官能基名	示性式
Ac	アセチル基	$CH_3C(=O)-$
Ar	アリール基	
Bn	ベンジル基	$C_6H_5CH_2-$
Boc	*tert*-ブトキシカルボニル基	$(CH_3)_3C-O-C(=O)-$
BOM	ベンジルオキシメチル基	$C_6H_5CH_2OCH_2-$
Bu	ブチル基	$CH_3CH_2CH_2CH_2-$
Cp	シクロペンタジエニル基	C_5H_5
Et	エチル基	CH_3CH_2-
Hex	ヘキシル基	$C_6H_{13}-$
*i*Pr	イソプロピル基	$CH(CH_3)_2-$
Me	メチル基	CH_3-
MOM	メトキシメチル基	CH_3OCH_2-
Ms	メシル基	CH_3SO_2-
Ph	フェニル基	C_6H_5-
PMB	*p*-メトキシベンジル基	$p\text{-}CH_3OC_6H_4CH_2-$
Pr	プロピル基	C_3H_7-
R	アルキル基	
TBDPS	*tert*-ブチルジフェニルシリル基	$t\text{-}BuPh_2Si-$
TES	トリエチルシリル基	Et_3Si-
TIPS	トリイソプロピルシリル基	$i\text{-}Pr_3Si-$
TMS	トリメチルシリル基	$(CH_3)_3Si-$
Tol	トリル基	$CH_3C_6H_4-$

第1章

アルケンについての基礎知識

　アルケンは炭素－炭素二重結合をもつ化合物の総称です．たとえば石油化学工業の原料の中で最も重要な化合物の一つであるエチレン（$CH_2＝CH_2$）を挙げることができます．エチレンは重合により容器や包装用フィルムなど様々な用途をもつポリエチレンを与えます．また，植物ホルモンの一種で果実の熟成を促進する作用があります．青いバナナを輸入して市場に出す直前にエチレンガスで黄色く熟成させるのにも利用されています．

　アルケンの名前の付け方は IUPAC 命名法[†]では対応するアルカンの語尾「–ane」を「–ene」にかえて二重結合の位置番号とともに示すことになっています．C（炭素）2個ではエタンがエテンに，C 3個ではプロパンがプロペンというように名前がつきますが，慣用名も使われており，エテンはエチレン，プロペンはプロピレンなどとよばれます．

　立体的な構造についてみると，二重結合で結合している2個の炭素原子とそれらの炭素原子に結合している2個ずつの原子は同一平面上に存在しています．常温では二重結合の周りの回転ができないため，たとえば2-ブテン（正確にいえば官能基の直前に位置

---

　†　IUPAC 命名法 は IUPAC（International Union of Pure and Applied Chemistry の略，国際純正・応用化学連合）が定める化合物の命名法の全体を指します．化学界における国際的な命名法の標準となっています．

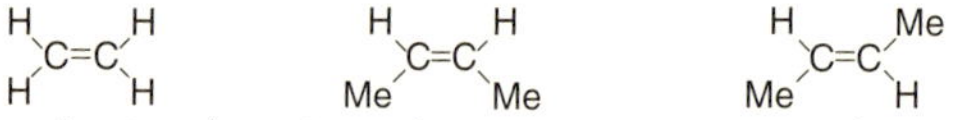

2　第1章　アルケンについての基礎知識

$$\underset{H}{\overset{H}{>}}C=C\underset{H}{\overset{H}{<}}$$
エテン（エチレン）

$$\underset{Me}{\overset{H}{>}}C=C\underset{Me}{\overset{H}{<}}$$
シス-ブタ-2-エン

$$\underset{Me}{\overset{H}{>}}C=C\underset{H}{\overset{Me}{<}}$$
トランス-ブタ-2-エン

$$\underset{Et}{\overset{H}{>}}C=C\underset{Me}{\overset{F}{<}}$$
1
E-2-フルオロペンタ-2-エン

$$\underset{Et}{\overset{Me}{>}}C=C\underset{Br}{\overset{Et}{<}}$$
2
Z-3-ブロモ-4-メチルヘキサ-3-エン

図1-1　アルケンの命名

番号を挿入するためブタ-2-エン)‡ Me-CH=CH-Me（官能基略号表を参照）では2つの置換基が二重結合を挟んで同じ側にあるシス-ブタ-2-エン，反対側にあるトランス-ブタ-2-エンの2つの異性体が存在します（**図1-1**）．同じ分子式をもち立体化学だけ異なる2つのアルケンを特に幾何異性体，あるいはシス-トランス異性体であるといいます．これらはジアステレオマー，つまり互いに鏡像の関係にない立体異性体の一つです．

　では，図1-1の**1**はシス，トランスのどちらでしょうか．二重結合を形成する C に3つの置換基が付いているのでシス，トランスという表現は適用できません．このようなアルケンを命名するのに IUPAC 命名法では Z, E を用いています．この方法は立体中心の絶対配置を表す R, S を決める際に用いる優先順位則（Cahn-Ingold-Prelog 順位則）を，二重結合を形成する2つの炭素上に存在する2つの基に適用します．優先順位の高い2つの基が互いに同じ側に位置する場合には Z 異性体，反対側に位置する場合を E 異性体とよびます．

---

‡　官能基の直前に位置番号を挿入する規則に従うと，日本語では主鎖の名前がわかりにくくなるため，2-ブテンのように位置番号を主鎖の名称の前につけている教科書が多いです．

［優先順位則］

①直接結合している原子を比べ，原子番号の大きい方が小さいものより優先する．

②直接結合している原子が同じ場合は，その原子に結合した原子を比較する．これを違いが生じる点まで続ける．

③二重結合や三重結合は単結合で二重または三重に置換しているとみなす．

1では二重結合の左のCで優先順位の高いのはEt，右のCではF（フッ素）ですからE異性体となります．同様に**2**では優先順位の高いのはEtとBr（臭素）であり，Z異性体となります．

これらシス-トランス，あるいはZ–E異性体は多くの場合，核磁気共鳴(NMR)分光法によって容易に構造を決めることができます．一般に，末端アルケンのH（水素）(RR'C＝CH$_2$)はδ＝4.6〜5.0 ppm付近に，内部アルケン(RCH＝CHR')のHはδ＝5.2〜5.7 ppm付近に観測され，電子求引基が結合すると低磁場へシフトします．さらに，置換アルケンにおいて非等価な隣り合った2つのアルケニル水素間にはスピン-スピン結合が観察され，シスの場合，水素間のカップリング定数(J)は6〜12 Hz，トランスでは11〜18 Hzになります（**図1-2**）．同じ置換基をもつ幾何異性体の場合にはシスの方がトランスより必ず小さくなります．このため有機分子中に二重結合が含まれることを確かめるのにNMRは非常に有効な手段であり，シス異性体とトランス異性体との区別も容易です．

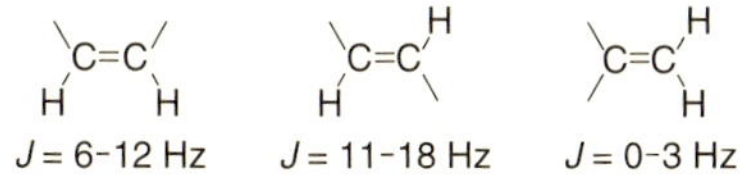

J = 6-12 Hz　　　　J = 11-18 Hz　　　　J = 0-3 Hz

図1-2　アルケニル水素のカップリング定数

第2章

アルケンの基本的な合成法

　炭素－炭素二重結合は膨大な数の天然物や生理活性物質にみられる基本的構造で，これらを立体選択的に合成することは，有機合成化学者にとって大きな課題の一つです．本章では基本的なアルケンの合成法として脱離反応とアルキンからアルケンへの変換について紹介します．

2.1　β脱離反応による合成方法

　アルケンの最も基本的な合成法は，**Scheme 2-1** に示すように隣り合った炭素原子に結合した A と X が脱離する反応を利用するものです．特によく用いられる反応は，アルコールからの脱水反応とハロアルカンからの脱ハロゲン化水素反応です．これらの反応では有機分子中に多く存在する水素原子が A となるため，位置選択性も立体選択性も低くなる場合があり，アルケンの異性体混合物の生成が問題となります．

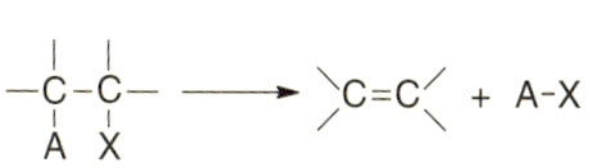

$$-\overset{|}{\underset{A}{C}}-\overset{|}{\underset{X}{C}}- \longrightarrow \hspace{0.3em} \rangle C=C\langle \hspace{0.3em} + \hspace{0.3em} A\text{-}X$$

Scheme 2-1

2.1.1 アルコールの脱水反応（E1脱離反応）

アルコールを高温下で，リン酸や硫酸のような非求核性の強酸で処理すると脱水反応が起こってアルケンが生成します．ヒドロキシ基（$-OH$）は強酸によってプロトン化されると優れた脱離基（$-OH_2^+$）に変換され，H_2O（水）を失ってカルボカチオン（陽イオン）になります．安定な第三級カルボカチオンや，アリル位あるいはベンジル位[†]カルボカチオンを生じる基質では，カルボカチオンへ解離後，隣接するCからプロトン（陽子）を失い（E1脱離反応），アルケンが得られます．第二級アルコールの場合は反応条件をより過酷に（より高い温度および加える酸の量を増やすなど）する必要があり，第一級アルコールではさらに高温にしないと反応は進行しません．このように，脱水反応におけるアルコール（ROH）の相対的反応性はR（アルキル基）が第三級＞第二級＞第一級の順に反応が容易となります．

一般に，E1脱離反応でアルケンの位置異性体が2種類生じる可能性がある場合，**Scheme 2-2** のように，より置換基の多い熱力学的に安定な二重結合を生じる方が有利であるため内部アルケンが生成し，かつトランス異性体が優先します．しかし，カルボカチオンを経るE1脱離反応では，S_N1反応や転位反応，二重結合の異性化などの副反応が起こりやすいという問題もあり，合成化学的には一般性のある合成法にはなりにくいといえます．

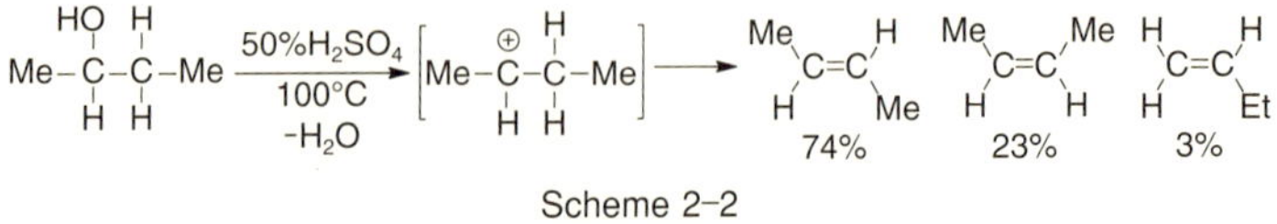

Scheme 2-2

---

† 二重結合に結合するCの位置をアリル位，芳香環に結合するCの位置をベンジル位とよびます．

2.1.2　ハロアルカンの塩基による脱離反応（E 2 脱離反応）

　塩基共存下にハロアルカンあるいはスルホン酸アルキルから HX（ハロゲン化水素あるいはアルキルスルホン酸）が脱離してアルケンを与える E 2 脱離反応を次に紹介します．反応は脱離基をもつ C の隣の C 上にある H を塩基が引き抜き，同時に脱離基の脱離が起こる協奏反応です．多くの場合引き抜かれうる H は複数あるので，この反応では構造異性体の混合物が生成します．たとえば **Scheme 2-3** のようにハロアルカン **1** にエタノール(EtOH)中ナトリウムエトキシド(EtONa)を作用させると三置換アルケン **2** が主生成物として，末端アルケン **3** が副生成物として得られます．この反応は最も「置換基の多いアルケンが主生成物となる」という Saytzev 則に従った結果です．一般にアルケンの相対的安定性は置換基の数が増えるほど大きく，トランス体はシス体よりも安定になりますから，安定なアルケンが主に得られると解釈してよいでしょう．一方，立体的に大きな基が脱離基（第四級アンモニウムなど）となる場合や

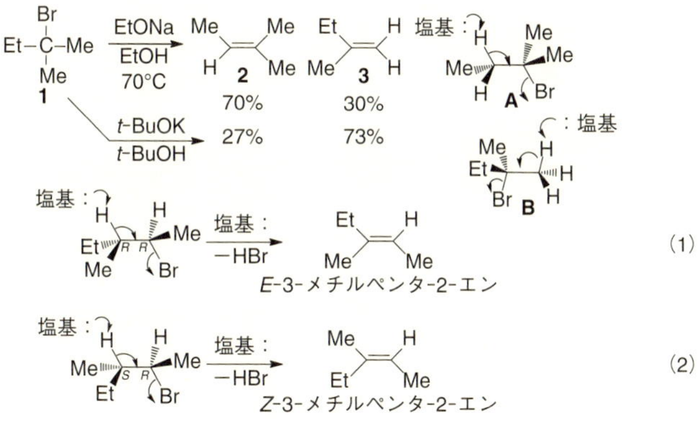

Scheme 2-3

8 第2章 アルケンの基本的な合成法

嵩高い塩基を用いた場合は「より置換基の少ないアルケンが主生成物となる」という Hofmann 則に従います．**1** の脱離反応を嵩高いカリウム *t*–ブトキシド(*t*-BuOK)などを塩基として用いて行うと **3** が主生成物となります．

E 2 脱離反応は塩基が攻撃する H と脱離基が逆平行（アンチペリプラナー）の配座を取るアンチ脱離で起こります．**1** の脱離反応は通常 **A** のような遷移状態構造で起こりますが，嵩高い塩基を用いると第二級水素を引き抜く **A** は立体障害のために不利となり，**B** のようにメチル基水素への攻撃が有利になります．嵩高くない塩基を用いると 2–ブロモ–3–メチルペンタンの脱離反応では，(R, R) あるいは (S, S) 体からは E–アルケンが生成し(1)，(R, S) ならびに (S, R) 体からは Z–アルケンが立体特異的[†]に得られます(2)．なお，末端アルケンも副生します．

2.1.1項でも述べたようにヒドロキシ基は良い脱離基ではありませんが，トシルオキシ基(p-MeC$_6$H$_4$SO$_3$−)やメシルオキシ基(MeSO$_3$−)

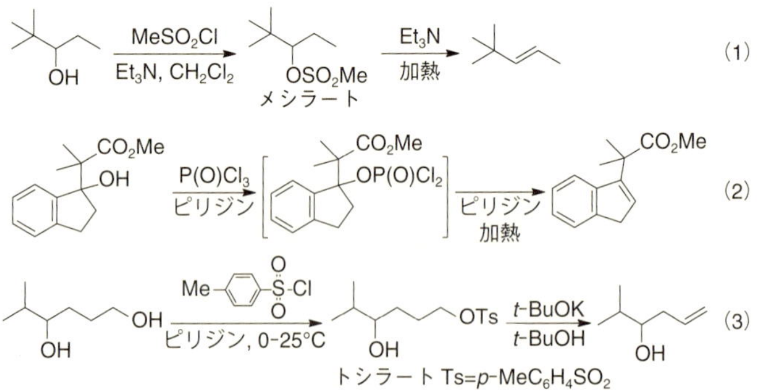

Scheme 2–4

---

† 立体異性体をもつ反応物が特定の立体異性体を生じる時，立体特異的といいます．

などに変換することにより脱離反応を起こさせることができます．たとえば，**Scheme 2-4** のようにアルコール(ROH)に塩化メタンスルホニル($MeSO_2Cl$)とトリエチルアミン(Et_3N)を作用させるとメシラート($ROSO_2Me$)が簡便に調整でき，塩基を用いて脱離させると安定なトランス-アルケンが得られます(1)．アルコールを塩化ホスホリル($P(O)Cl_3$)と反応させるとジクロロリン酸エステル中間体が生成し，単離せずにピリジン中加熱することにより直接アルケンが得られます(2)．トシル化反応は立体障害の小さいヒドロキシ基で優先して起こり，生成するトシラートを塩基と反応させるとアルケンが得られます(3)．E 2 脱離反応は通常引き抜かれる水素原子と脱離基がアンチ形配座を取るアンチ脱離で起こりますが，アンチ形配座が取れない場合は H と脱離基が同じ側にあるシン脱離で進行することもあります．

　これらの E 2 脱離反応は 2.1.1 項の酸性条件下の脱水反応と比べて温和な条件下で進行し，ある程度アルケンの立体も制御できます．

2.1.3　熱によるシン脱離反応

　エステル，キサントゲン酸エステル，アミノオキシド，スルホキシドやセレノキシドは，β 位‡ に水素原子があると加熱によって**Scheme 2-5** のような協奏反応によってアルケンを生成します．脱離基と水素原子が同じ側にあるシン脱離反応となるため，β 水素が一つの場合は立体特異的な反応となります．複数の β 水素があるとアルケンの立体および位置異性体混合物が生成します．

---

‡　官能基と隣接した 1 番目の C を α 位炭素または α 炭素，その隣の 2 番目の C を
　β 位炭素または β 炭素とよびます．α 炭素に結合した H は α 水素，β 炭素に結合
　した H は β 水素とよばれます．

10　第2章　アルケンの基本的な合成法

　エステルの熱分解は 400℃ 程度の高温が必要なので通常あまり用いられませんが，キサントゲン酸エステルは比較的容易に脱離反応を起こします．キサントゲン酸エステルはアルコールを水素化ナトリウム(NaH)のような塩基で脱プロトン化後，二硫化炭素(CS_2)と反応させ続いてヨウ化メチル(MeI)などアルキル化剤と反応させることで得られます．これを加熱するとシン脱離によりアルケンとジチオ炭酸 S-メチル(MeSC(O)SH)が生成し，後者はさらに硫化カルボニル(S=C=O)とメチルチオール(MeSH)に分解します(**Scheme 2-6**)．

　アミンオキシドは第三級アミンを過カルボン酸や過酸化水素(H_2O_2)などで酸化すると得られ，これを加熱するとシン遷移状態を経て β 水素原子が引き抜かれてアルケンが生成します．

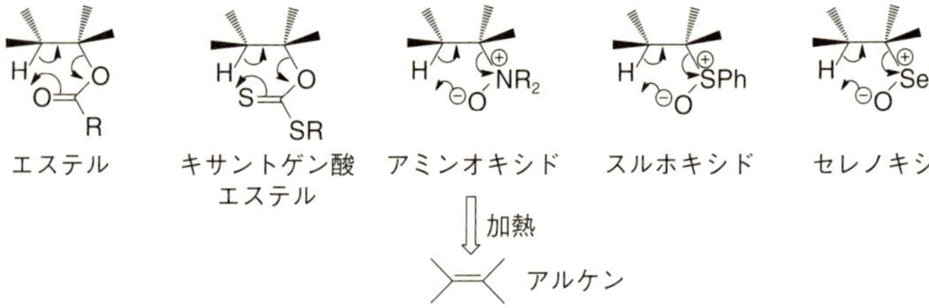

Scheme 2-5

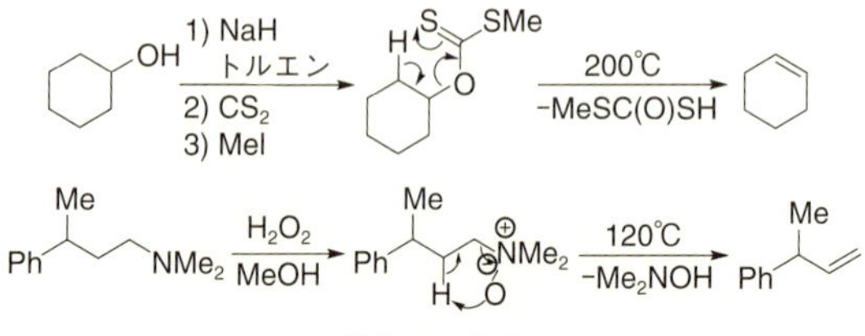

Scheme 2-6

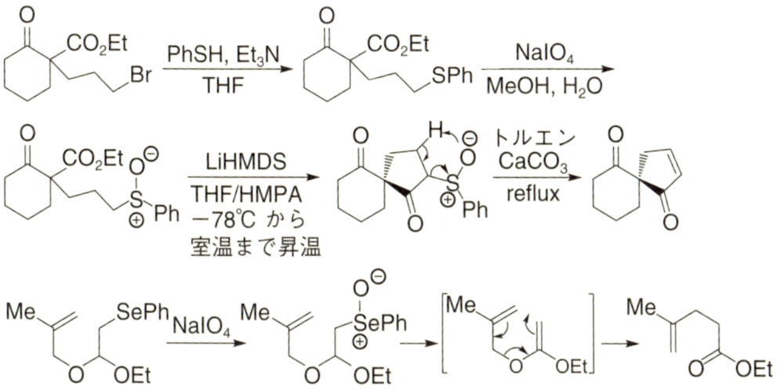

2.2 アルキンからのアルケン合成　　*11*

Scheme 2-7

Scheme 2-7 に示すようにスルフィドやセレニドは対応するハロゲン化物やスルホン酸エステルを PhSH または PhSeH とアミン（Et$_3$N など）または PhSNa や PhSeNa などで置換して合成でき，それらの酸化によりスルホキシドおよびセレノキシドが得られます．高温が必要なスルホキシドの熱分解と比べ（Scheme 2-7 の例では沸騰トルエン中で行われている）セレノキシドの脱離は 0℃ から室温という穏やかな条件で起こるためよく用いられています．Scheme 2-7 の下の例ではセレニドは，酸化すると自発的にシン脱離を起こし，さらに Claisen 転位が起こって生成物を与えています．

2.2　アルキンからのアルケン合成

アルキンの炭素−炭素三重結合を二重結合にすることにより立体選択的に置換アルケンに変換できる方法が開発されています．アルキンの三重結合を二重結合に変換する方法としては，水素化，ヒドロメタル化，カルボメタル化反応などが挙げられます．アルキン調整法は多数知られていますが，原料としてアルキンをまず合成する

12 第2章 アルケンの基本的な合成法

必要があることは欠点といえます.

2.2.1 水素化反応による合成

　Lindlar 触媒存在下，水素ガスによって内部アルキンを水素化するとシス-二置換アルケンが得られます．Lindlar 触媒は狭義には炭酸カルシウム（$CaCO_3$）に担持した Pd（パラジウム）を酢酸鉛(II)（触媒作用を弱める働きがある）で被毒したものを指します．現在では被毒性のある炭酸バリウムを担体として用い，Pd，Pt（プラチナ），Ni（ニッケル）などを担持させた触媒も開発され，それらも Lindlar 触媒とよばれています．酸成分が残っていると触媒作用が増強されるため，通常使用時にキノリンなどを加えて反応性を落として反応を行います．**Scheme 2-8** に示すように，触媒は水素分子を活性化して H−H 結合を切断し金属表面に結合した H を作り出し，同じ方向からアルキンへの水素化が起こりシス-アルケンが得られます．Pd/C（パラジウム炭素）などの触媒を用いると，生成物であるアルケンも接触水素化反応を受けますが，Lindlar 触媒では触媒作用が弱いためアルケンへの水素付加は遅く，アルキンからアルケンが選択的に得られます．C−C と C=C の結合解離エネルギーの差（π 結合の強さ）は C=C と C≡C の差（三重結合の π 結合の強さ）より 9 kcal/mol 大きく，アルキンの水素化はアルケンの水素

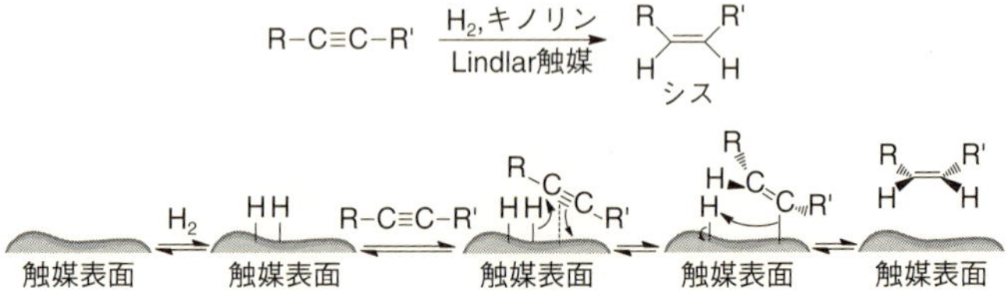

Scheme 2-8

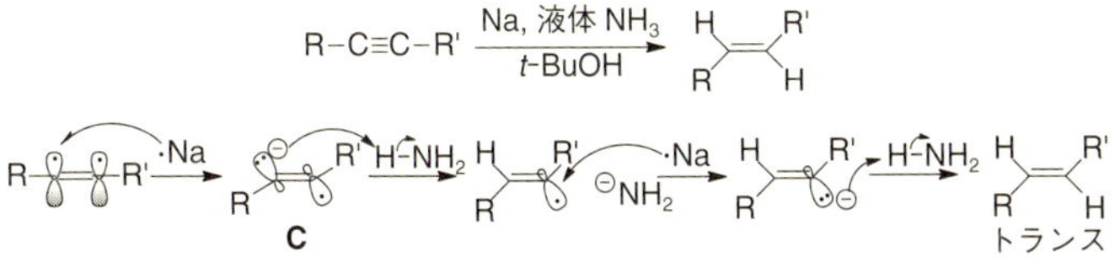

2.2 アルキンからのアルケン合成　　*13*

Scheme 2-9

化より起こりやすいといえます．この結合解離エネルギーの差を利用して水素化を1段階で止めているのがLindlar触媒の特徴です．

　一方，アルキンを溶解金属で還元するとトランス–二置換アルケンが生成します．Li（リチウム），Na（ナトリウム）またはK（カリウム）の液体 NH_3（沸点−33℃）溶液には溶媒和[†]を受けた金属イオンと電子が存在しており，容易に三重結合に1電子が移動してラジカルアニオン**C**を生成します（**Scheme 2-9**）．この時，アニオンとラジカルの電子反発およびRとR'の立体反発を避けるために**C**はトランスの形を優先的に取ります．溶媒のアルコールなどにより**C**はプロトン化されてアルケニルラジカルを与え，再度溶媒和電子の移動が起きて，トランス–ビニルアニオンが生成します．最後にプロトン化されて，トランス–アルケンが生成すると説明されます．

2.2.2　ヒドロメタル化反応による合成
　ヒドロメタル化反応はアルキン三重結合の一方のCに水素原子が，もう一方のCに金属が付加する反応です（**Scheme 2-10**）．内部アルキンをジアルキルボランと反応させるとヒドロホウ素化反応が起こり，B(ホウ素)−H結合がシン付加して生じるアルケニルホ

[†]　溶媒和とは溶質分子やイオンなどが静電気力や水素結合などによって溶媒分子と結びつき，溶媒分子にとり囲まれる現象を指します．

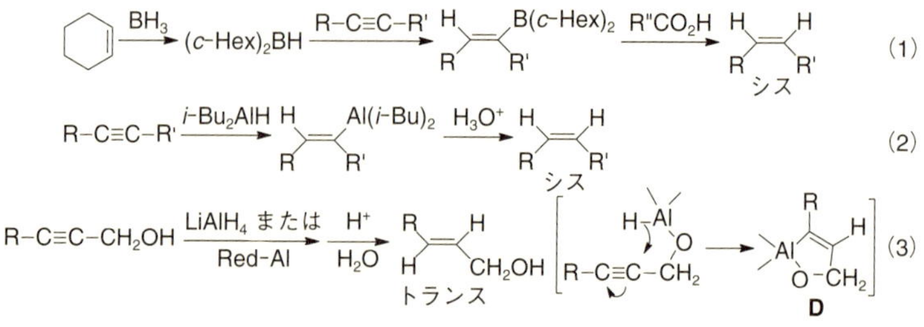

$$\text{(cyclohexene)} \xrightarrow{BH_3} (c\text{-Hex})_2BH \xrightarrow{R-C\equiv C-R'} \underset{R\quad R'}{\overset{H\quad B(c\text{-Hex})_2}{C=C}} \xrightarrow{R''CO_2H} \underset{R\quad R'}{\overset{H\quad H}{\underset{\text{シス}}{C=C}}} \quad (1)$$

$$R-C\equiv C-R' \xrightarrow{i\text{-Bu}_2AlH} \underset{R\quad R'}{\overset{H\quad Al(i\text{-Bu})_2}{C=C}} \xrightarrow{H_3O^+} \underset{R\quad R'}{\overset{H\quad H}{\underset{\text{シス}}{C=C}}} \quad (2)$$

$$R-C\equiv C-CH_2OH \xrightarrow[\text{Red-Al}]{LiAlH_4 \text{ または}} \xrightarrow[H_2O]{H^+} \underset{H\quad CH_2OH}{\overset{R\quad H}{\underset{\text{トランス}}{C=C}}} \quad \left[\text{R-C}\equiv\text{C-CH}_2 \cdots \overset{H-Al}{\underset{O}{}} \longrightarrow \mathbf{D} \right] \quad (3)$$

Scheme 2-10

ウ素をカルボン酸($R''CO_2H$)で分解するとシス-アルケンが合成でき
ます(1)．ボラン(BH_3)（実際はジボラン B_2H_6 として存在）そのも
のを用いると三重結合が連続的にヒドロホウ素化されてしまうため
アルケニルボランの段階で反応を止めるにはジシクロヘキシルボラ
ン（$(c\text{-Hex})_2BH$）など嵩高いボラン反応剤を用いる必要があります．
ジシクロヘキシルボランはシクロヘキセンのヒドロホウ素化により
簡単に合成できます．また，水素化ジイソブチルアルミニウム（i-
Bu_2AlH）を用いると Al（アルミニウム）$-$H 結合がシン付加し，酸加
水分解でシス-アルケンが得られます(2)．二重結合が分子内に
あっても三重結合が選択的に反応しますが，カルボニル基があると
カルボニル基が優先的に還元されるため，ヒドロホウ素化と比べ適
用範囲は限られています．B も Al も立体障害の小さい C に優先的
に結合するため，末端アルキンへのヒドロメタル化では位置選択的
に逆 Markovnikov 型[†]で反応することになりますが，内部アルキン

---

† ハロゲン化水素などがアルケンへ付加する時，より多くの H が結合している sp^2
炭素（二重結合をもつ C）に H が結合するのが Markovnikov 型反応です．逆によ
り少ない H が結合している sp^2 炭素に H が結合する場合，逆 Markovnikov 型反応
とよばれます．

では位置異性体の混合物が得られます.

　一方，プロパルギルアルコールを LiAlH$_4$ または Red-Al(NaAlH$_2$ (OCH$_2$CH$_2$OCH$_3$)$_2$)と反応させるとアンチ付加が起こり，加水分解するとトランス–二置換アルケンが生成します(3). この反応では分子内のほかの位置に三重結合があってもプロパルギルアルコールの三重結合だけが選択的に還元されることが知られており，アルコールとアルミニウム反応剤が反応した後，三重結合に Al–H がアンチ付加することによって生じたアルケニルアルミニウム中間体 **D** を経由していると考えられています. Red-Al を用いる方が収率，トランス選択性とも高くなります.

2.2.3　カルボメタル化による合成

　カルボメタル化反応はアルキン三重結合の一方の C にアルキル基など炭素置換基が，他方の C に金属が付加する反応で，二置換，三置換アルケンの合成に広く用いられています. カルボメタル化反応では，C と金属がアルキン三重結合に付加する際の位置選択性および立体選択性が高く，生じるアルケニル金属化合物はさらに種々の反応剤と反応して多官能性アルケンを与えます. たとえば根岸らにより開発されたジルコニウム触媒(Cp$_2$ZrCl$_2$)を用いる末端アルキンのメチルアルミニウム化反応では，ジメチルアルミニウムが末端炭素に，メチル基はその隣の C にシン付加します（**Scheme 2-11**)[1]. 生じるアルケニルアルミニウム中間体は，二重結合の立体を保持して I$_2$（ヨウ素）やクロロギ酸エチルなどの求電子剤と反応し，三置換アルケンを高い立体選択性で与えます(1). トリメチルアルミニウムは発火性が極めて高く，不活性雰囲気下で反応を行う必要があります. また，トリプロピルアルミニウムを用いる 1-オクチンとの反応では位置選択性が低く（60:15），トリプロピルア

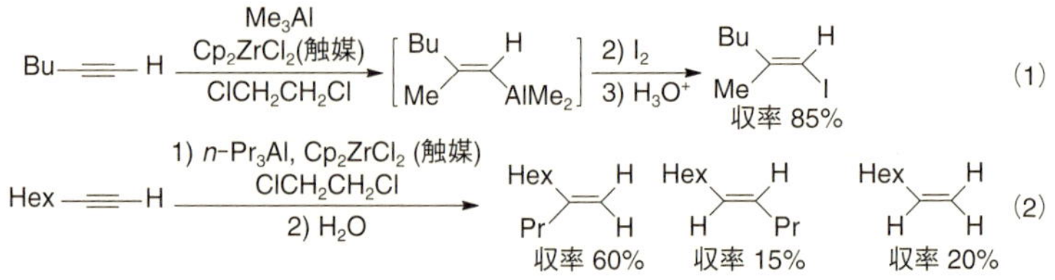

16　第2章　アルケンの基本的な合成法

Scheme 2-11

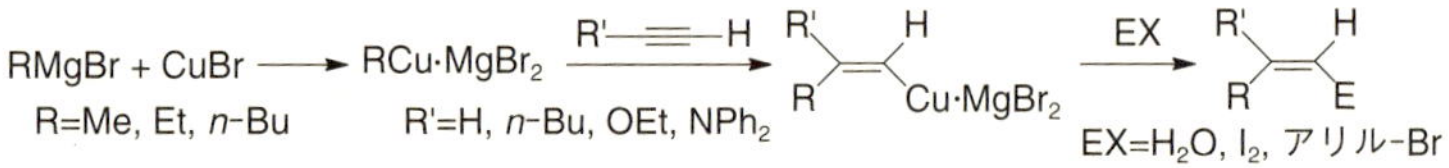

Scheme 2-12

ルミニウムの β 脱離で生成したヒドロアルミニウム n-Pr$_2$AlH のヒ
ドロメタル化によって生成したと考えられる 1-オクテンが 20% 生
成しています(2).

　Normant らにより開発されたカルボクプレーション反応も同じ
位置選択性かつシン選択性で起こります (**Scheme 2-12**)[2]. しか
し, メチルアルミニウム化と違いメチル基以外のアルキル基を導入
することができ, 種々の官能基を含むアルキンの三重結合に付加さ
せられるため, より一般性の高い反応です. 得られるアルケニル銅
は種々の求電子剤との反応が可能です.

参考文献

1) Van Horn, D. E.; Negishi, E. (1978) *J. Am. Chem. Soc.*, **100**, 1978.
2) Normant, J. F.; Alexakis, A. (1981) *Synthesis*, 841.

第3章

クロスカップリング反応を用いる
アルケンの立体選択的合成

　2010 年のノーベル化学賞は「有機合成におけるパラジウム触媒
クロスカップリング反応」の開発に貢献した Richard F. Heck，根
岸英一，鈴木章の3氏が受賞しました．有機化学において炭素−
炭素結合形成反応は最も重要で基本的な反応の一つです．CとC
をつなぐ反応としては一般に $C^+ + C^- \rightarrow C-C$ のようにプラス性を
帯びた炭素とマイナス性を帯びた炭素の結合生成反応がこれまで主
に利用されてきました．しかし，ベンゼン環化合物にこの方法は有
効ではなくパラジウム錯体のような「触媒」が必要であることがわ
かりました（**Scheme 3-1**）．触媒としては0価のパラジウム錯体
（pd(0)錯体）が活性種と考えられていますが，実際には0価のテ
トラキス（トリフェニルホスフィン）パラジウム（$Pd(PPh_3)_4$）だけ
でなく2価の酢酸パラジウム（$Pd(OAc)_2$）やジクロロビス（トリ
フェニルホスフィン）パラジウム（$PdCl_2(PPh_3)_2$），ビス（アセトニ
トリル）パラジウムジクロリド（$PdCl_2(MeCN)_2$）などの錯体もしば
しば用いられます．2価錯体は反応系中のアミン，アルケン，ホス

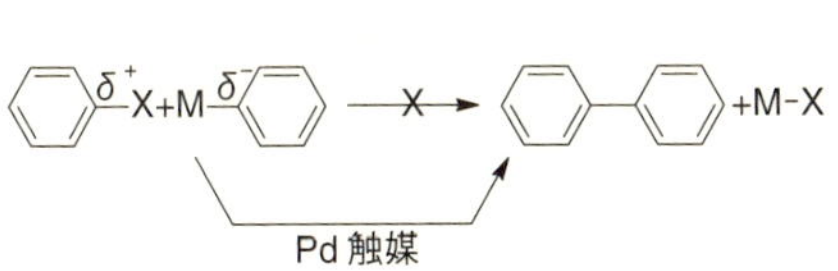

Scheme 3-1

18 第3章 クロスカップリング反応を用いるアルケンの立体選択的合成

フィン，Sn（スズ）などにより 0 価に還元されてから触媒機能を発揮するといわれています．パラジウム触媒などの遷移金属触媒を用いるクロスカップリング反応はベンゼン環同士を結合させる反応として有名ですが，sp^2 炭素（二重結合をもつ炭素）と sp^2 炭素を結合させる反応一般に有効で，ベンゼン環とアルケン，アルケンとアルケンを結合させる方法としても利用できます．本章ではアルケンの合成に使えるクロスカップリング反応を紹介します．

3.1 溝呂木–Heck 反応

塩基共存下触媒量の Pd(0) 錯体によるアルケンとハロゲン化アリールやハロゲン化アルケンとのカップリングによりアリール置換およびアルケニル置換アルケンが生成する反応が溝呂木–Heck 反応です（**Scheme 3-2**）[1]．このカップリング反応には比較的高温（約100℃）が必要で，トランス-アルケンが主に得られます．反応はハロゲン化アリールやアルケニル RX の Pd への酸化的付加で生成する有機パラジウム中間体 R-Pd-X がアルケンにシン付加し，続いて H-Pd-X がシン脱離してアルケンが得られると説明されます．脱離した H-Pd-X は還元的脱離により Pd(0) を再生し，ヨウ化水素

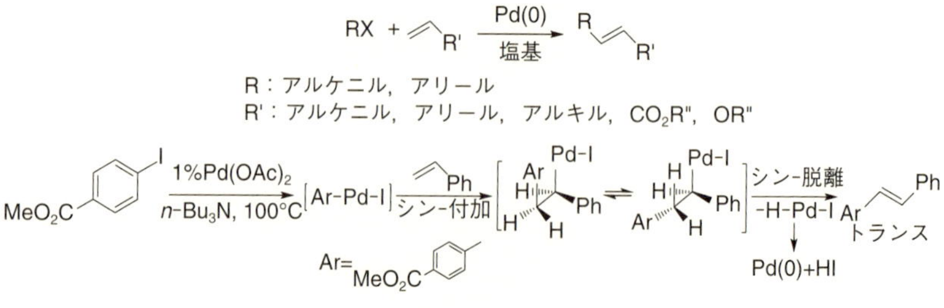

Scheme 3-2

3.1 溝呂木-Heck 反応　19

(HI)は塩基で中和され触媒サイクルが回ります。付加中間体に $\beta-$ 水素が２つあるとシン脱離によりトランス-アルケンとシス-アルケンの両方が生成する可能性がありますが，一般に熱力学的に安定なトランス-アルケンが得られます。ただし，反応条件や生成物の構造，置換基の種類によっては選択性の低い場合もあり，立体選択的アルケン合成法としてはやや信頼性に欠ける方法です。アルケンに付加する際の位置選択性は立体効果が支配しており通常置換基の少ない C にアリール基が結合します。

　２つの連続的な溝呂木-Heck 反応をワンポット[†]で行って抹消動脈疾患(PAD)治療薬と期待される **DG-041** の合成が行われています（**Scheme 3-3**）[2]．4-フルオロ-2,6-ジブロモアニリンのアリル化で得られる化合物の分子内溝呂木-Heck 反応を行った後，触媒を

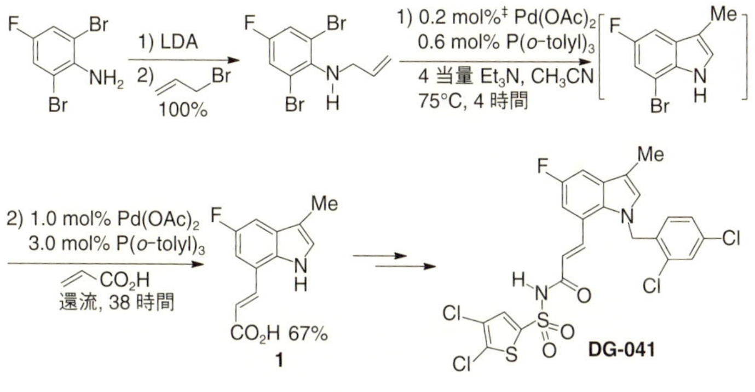

Scheme 3-3

---

† 反応容器に反応物を順に投入することで多段階反応を一つの容器内で行う合成手法をワンポット合成といいます。途中で単離精製を行わないのでプロセスが大幅に簡素化します。コラム３も参照してください。

‡ mol%は触媒反応の触媒量を表すのに用いられる単位で 1 mol%は 0.01 当量のことです。

追加してアクリル酸との分子間溝呂木–Heck 反応により **1** が 67%
の収率で得られます．2,4-ジクロロベンジルクロリドで N–ベンジ
ル化の後，カルボン酸とスルホンアミドとのアミド化反応により
DG-041 は得られています．2 番目のアクリル酸との溝呂木–Heck
反応が典型的な例となります．1 番目の分子内反応の例では置換基
の多い C にアリール基が結合しており，通常の選択性ではありま
せん．これは 5 員環形成が 6 員環形成より有利であるためで，反
応後二重結合の移動が起きてインドール環が形成しています．

ハロアルケンもアルケンとカップリング反応を行うことができま

コラム 1

パラダサイクル触媒

溝呂木–Heck 反応が開発された当初，パラジウム錯体触媒は通常 1〜5 mol
％用いられていました．パラジウム錯体は高価であるだけでなく，医薬品への
混入が厳しく制限されるため医薬品合成プロセスに用いることには抵抗があり
ました．触媒の活性を高め，ごく微量で反応を行うことでこれらの問題を一挙
に解決しようとする研究が行われています．1995 年 Herrmann と Beller らは酢
酸パラジウムとトリ（o–トリル）ホスフィンを混合するとパラダサイクル錯
体 **1** が生成することを発見しました[1]．**1** は二量体構造をもち安定ですが，溶
媒中では弱いアセテート部分で切れて単量体と二量体の平衡混合物となり，溝
呂木–Heck 反応や鈴木–宮浦反応に対して高い触媒活性を示します．臭化ベン
ゼン(PhBr)とアクリル酸 n–ブチル($CH_2=CHCO_2n$–Bu)との反応では TON（触
媒回転数）生成物の物質量／触媒の物質量が 200,000 に達しています．つまり，
5 ppm（100 万分の 5）の触媒量を用いるだけで 99% の収率で生成物が得られ
たことになります．この研究を契機に，より活性の高い触媒がリガンド構造の
検討により次々と開発され，TON が 1.0×10^{10} に達するものまで開発されてい
ます．**1** から生成する安定化されたコロイド状 Pd(0) が活性種といわれてい

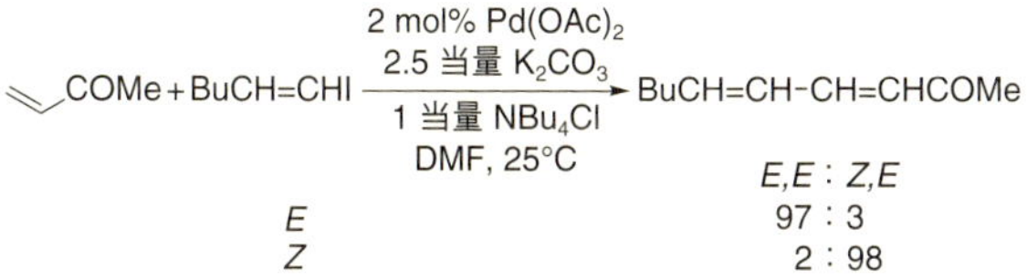

3.1 溝呂木-Heck 反応 　*21*

$$\diagdown\text{COMe} + \text{BuCH=CHI} \xrightarrow[\substack{1 \text{ 当量 NBu}_4\text{Cl} \\ \text{DMF, 25°C}}]{\substack{2 \text{ mol}\% \text{ Pd(OAc)}_2 \\ 2.5 \text{ 当量 K}_2\text{CO}_3}} \text{BuCH=CH-CH=CHCOMe}$$

E,E : *Z,E*

E 　　　　　　　　97 : 3

Z 　　　　　　　　2 : 98

Scheme 3-4

す（**Scheme 3-4**）．通常の条件で*E*-ハロアルケンをアルケンとカップリングさせると *E*,*E*-ジエンが主に得られますが，*Z*-ハロアルケンからは立体異性体混合物が得られます．これは高温で*Z*-ハロ

ますが，不明の点も多くコロイド状 Pd(0) の研究も行われています．欠点としてはパラダサイクルは安定であるため，通常のパラジウム錯体では 20〜80℃で起こる反応が 120〜180℃ 必要であること，触媒量が少ないと不純物の影響を受けやすいこと，複雑な基質では TON は大きくないことなどがあげられます．また，Bu$_4$NBr が Pd(0) ナノ粒子を安定化させることが知られています．

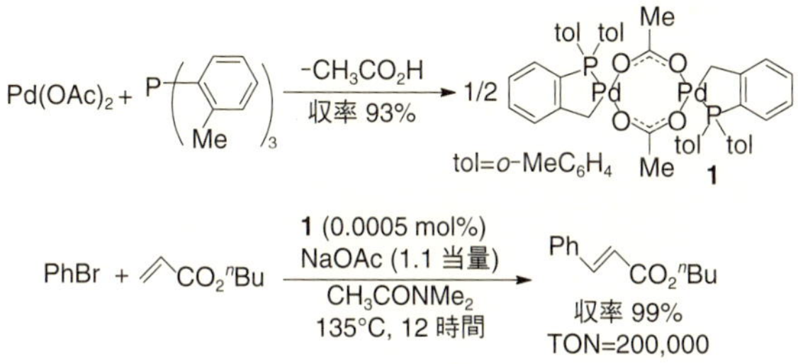

$$\text{Pd(OAc)}_2 + \text{P}\left(\diagdown_{\text{Me}}\right)_3 \xrightarrow[\text{収率 93\%}]{-\text{CH}_3\text{CO}_2\text{H}} 1/2 \quad \mathbf{1}$$

tol=o-MeC$_6$H$_4$

$$\text{PhBr} + \diagup\text{CO}_2{}^n\text{Bu} \xrightarrow[\substack{\text{NaOAc (1.1 当量)} \\ \text{CH}_3\text{CONMe}_2 \\ 135°\text{C, 12 時間}}]{\mathbf{1} \ (0.0005 \text{ mol}\%)} \text{Ph}\diagup\text{CO}_2{}^n\text{Bu}$$

収率 99%

TON=200,000

1) Herrmann, W. A.; Brossmer, C.; Öfele, K.; Reisinger, C.-P.; Priermeier, T.; Beller, M.; Fischer, H. (1995) *Angew. Chem. Int. Ed.*, **34**, 1844.

（岐阜大学工学部　安藤　香織）

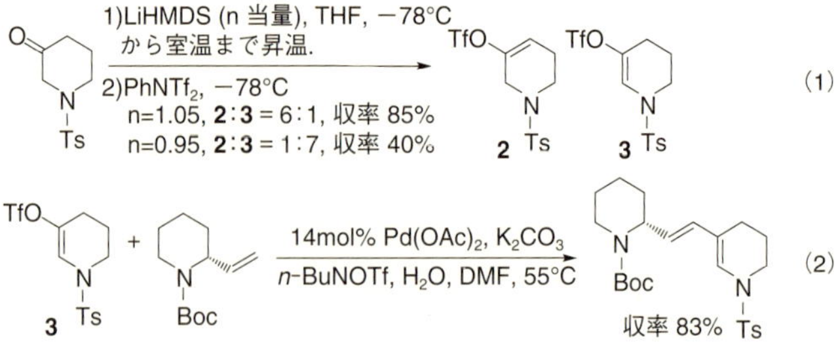

22　第3章　クロスカップリング反応を用いるアルケンの立体選択的合成

Scheme 3-5

アルケンあるいは生成物ジエンの異性化が起こっているためと考えられます．反応系にテトラブチルアンモニウムクロリド（NBu$_4$Cl）を加えるとカップリング反応が促進され室温でも反応は起こるようになり，特に塩基として炭酸カリウム（K$_2$CO$_3$）を用いるとE-ハロアルケンからはE,E-ジエンが97％の選択性で，Z-ハロアルケンからはZ,E-ジエンが98％の選択性で立体特異的に得られるようになります[3]．

　ハロアルケンの代わりにアルケニルトリフラートを用いることもできます．アルケニルトリフラートはケトンなどから容易に得られるため合成的価値の高い方法といえます．**Scheme 3-5**の例ではケトンから2種類のトリフラート**2**，**3**が生成可能ですが，1.05当量のリチウムヘキサメチルジシラジド（LiN(SiMe$_3$)$_2$または LiHMDS）塩基を用いると**2**が6：1の選択性（収率85％）で得られます．−78℃で0.95当量のLiHMDSを加えた後，0℃まで昇温して熱力学的に安定なエノラートに偏らせてからN,N-ビス（トリフルオロメチルスルホニル）アニリン（PhNTf$_2$）と反応させると**3**が1：7の選択性（収率40％）で得られています(1)．**3**とN-Boc-2-ビニルピペリジンとの溝呂木-Heck反応は効率よく進行します(2)[4]．

3.2 有機金属反応剤とのカップリング反応

　溝呂木-Heck 反応におけるアルケンの代わりにアルケニル金属反応剤またはアリール金属反応剤を用いてもカップリング反応を行うことができます．パラジウム触媒を用いる様々なカップリング反応が開発されており，有機亜鉛，アルミニウムまたはジルコニウム化合物による反応を根岸カップリング，有機ホウ素化合物を用いる反応を鈴木-宮浦カップリング，有機スズ化合物を利用する反応を右田-小杉-Stille カップリングとよんでいます．これらは広く生理活性物質や各種機能材料の合成に用いられている有用な反応です．これらの有機金属化合物はエステル，アミド，ニトリル，ニトロ基など官能基との反応性が低いため選択的にカップリング反応を起こすことが可能でよく利用されています．Grignard 反応剤もカップリング反応に用いることができ，ニッケル触媒を用いる反応は特に熊

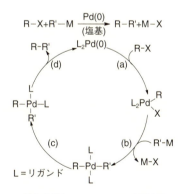

Scheme 3-6

24　第3章　クロスカップリング反応を用いるアルケンの立体選択的合成

田‐玉尾‐Corriu カップリングとよばれています．この反応も有用な
反応ですが，Grignard 反応剤はカルボニル基などと反応するため
基質に制限があります．これらの反応機構は一般に **Scheme 3-6**
のように進むと考えられています．つまり，RX が Pd(0) 錯体へ酸
化的付加(a)を起こした後，金属交換(b)（通常この段階が律速段階
と考えられている），トランス‐シス異性化(c)，還元的脱離(d)に
よりカップリング生成物 R‐R'が得られると同時に L₂Pd(0) が再生
され触媒サイクルが回るとして説明されます．

3.2.1　根岸カップリング

　ハロアルケン，ハロアリール，ハロアルキンをアリール，アルキ
ニル，アルケニル亜鉛反応剤などとパラジウム触媒でカップリング
させる反応は根岸カップリングとよばれています．亜鉛反応剤は対
応するハロゲン化物とZn（亜鉛）との反応や，対応するリチウム反
応剤やGrignard反応剤の塩化亜鉛(ZnCl₂)による金属交換で得られま
す．カップリング反応ではパラジウム錯体との金属交換（Scheme
3-6 の(b)の段階）の効率がよく，また，亜鉛反応剤が多くの官能
基と反応しないことから官能基許容性が高いことが特長です．生成
物はアルケニル亜鉛およびハロゲン化物の立体を保持しています
が，立体選択的な合成のためには原料であるアルケニル金属やハロ
アルケンの立体選択的合成が必要です．**Scheme 3-7** の例ではリ
チウムアセチリドと ZnCl₂ からアルキニル亜鉛反応剤を調整後，ハ
ロアルケンとカップリング反応を行うことによりアルケンの立体化

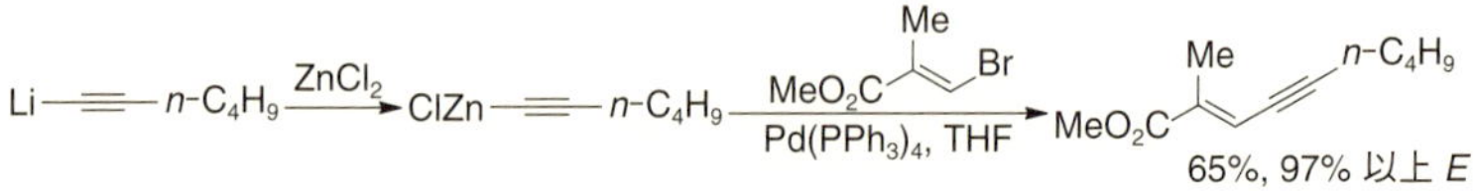

Scheme 3-7

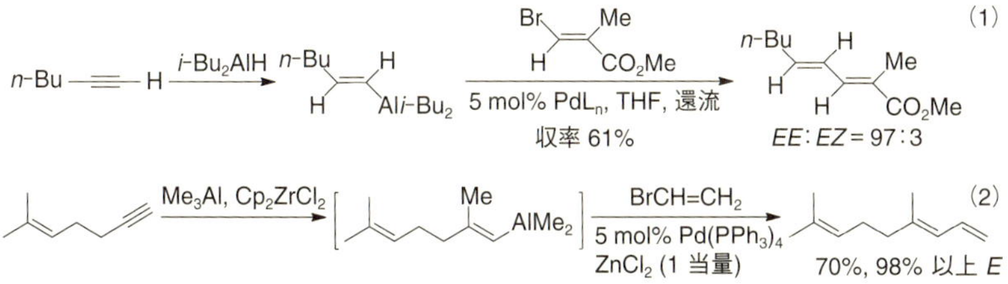

$$(1)$$

$$n\text{-Bu} \longrightarrow\!\!\!= \text{H} \xrightarrow{i\text{-Bu}_2\text{AlH}} \underset{\text{H}}{\overset{n\text{-Bu}}{\diagup}}\!\!\diagdown\!\!\underset{\text{Al}i\text{-Bu}_2}{\overset{\text{H}}{\diagup}} \xrightarrow[\text{5 mol\% PdL}_n,\ \text{THF, 還流}]{\underset{\text{H}}{\overset{\text{Br}}{\diagdown}}\!\!=\!\!\underset{\text{CO}_2\text{Me}}{\overset{\text{Me}}{\diagup}}} \quad n\text{-Bu}\diagdown\!\!=\!\!\diagup\!\!=\!\!\underset{\text{CO}_2\text{Me}}{\overset{\text{Me}}{}}$$

収率 61%　　　　　　$EE\!:\!EZ = 97:3$

$$\text{（対称アルキン）} \xrightarrow[\text{Cp}_2\text{ZrCl}_2]{\text{Me}_3\text{Al},} \left[\ \diagup\!\!=\!\!\diagdown\!\!\diagup\!\!\underset{\text{AlMe}_2}{\overset{\text{Me}}{}}\ \right] \xrightarrow[\substack{\text{5 mol\% Pd(PPh}_3)_4 \\ \text{ZnCl}_2\ (1\ 当量)}]{\text{BrCH=CH}_2} \quad \text{（生成物）}$$

70%, 98% 以上 E　　(2)

Scheme 3-8

学を保持したエンイン化合物（二重結合と三重結合が共役した化合物）が得られています[5].

　後に根岸らはアルケニルアルミニウムやアルケニルジルコニウムでもパラジウム触媒によるカップリング反応が立体保持で起こることを見出しました．これらのアルケニル金属化合物は末端アルキンのヒドロアルミニウム化反応，カルボアルミニウム化反応あるいはヒドロジルコニウム化反応（2.2.2，2.2.3項を参照）により，容易かつ立体選択的に得ることができます．**Scheme 3-8** に示すように 1-ヘキシンと水素化ジイソブチルアルミニウム(i-Bu$_2$AlH)の反応は位置選択的にアルミニウムが末端炭素に結合しシス付加で進行し，ハロアルケンとの反応により 97% 以上の純度で E, E-ジエンを与えます(1)[6]．触媒量のジルコニウム触媒(Cp$_2$ZrCl$_2$)存在下トリメチルアルミニウム(Me$_3$Al)を末端アルキンや対称な内部アルキンと反応させるとカルボアルミニウム化が起こり，単一のアルケニルアルミニウムが得られます．得られたアルケニルアルミニウムはパラジウム触媒によりハロアリール，ハロアルケン，ハロアリルなどとカップリング反応を起こします(2)[7]．(1)のカップリング反応ではパラジウム触媒のみで反応は進行しますが，三置換アルケンを与える(2)の例では ZnCl$_2$ が存在しないと反応はほとんど進行しませ

ん．立体的な要因が働いているものと考えられます．なお，これらの反応で非対称内部アルキンを用いると位置異性体の混合物になってしまうので選択的な合成には用いられません．

3.2.2 鈴木-宮浦カップリング

アルケニルホウ素反応剤，アリールホウ素反応剤，アルキニルホウ素反応剤が，ハロアルケンまたはハロアリールとパラジウム触媒存在下にカップリングする反応は，鈴木-宮浦カップリングとよばれています[8]．この反応は芳香環同士のカップリング反応に用いられるだけでなく共役ジエン，エンイン，スチレン類の位置および立体の決まった化合物の合成法として一般性があります．ハロアルケンとアルケニルボランの両方の立体配置が維持され，官能基許容性が高く，出発原料の入手が容易であるなどの利点をもっています．ホウ素反応剤は安定であるために前出の反応機構の金属交換(b)は起こりにくくなりますが，炭酸ナトリウム(Na_2CO_3)やナトリウム

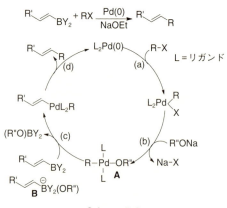

Scheme 3-9

3.2　有機金属反応剤とのカップリング反応　27

アルコキシド(RONa)のような塩基を加えると反応はスムーズに起こるようになります．アルケニルホウ素とRXのカップリング反応の反応機構は**Scheme3-9**のように起こると考えられています．RXがPd(0)に酸化的付加(a)を起こした後，アルコキシドがハロゲンXと交換してより活性なパラジウム錯体**A**を形成(b)します．アルコキシ基はアルケニルホウ素のBへも配位してアート錯体**B**を形成し，**B**から金属交換が起こるという機構も提案されていましたが，最近この機構の可能性は低いことが示されました[9]．**A**とアルケニルホウ素の金属交換反応が起こり(c)，最後に還元的脱離(d)によりトランス-アルケンが立体特異的に生成します．

　鈴木-宮浦カップリングで用いられる有機ホウ素化合物はGrignard反応剤(RMgX)や有機リチウム反応剤(RLi)とボロン酸エステルの反応，遷移金属触媒を用いるジボランと有機ハロゲン化物のクロスカップリング反応やC−H結合の活性化反応によって得ること

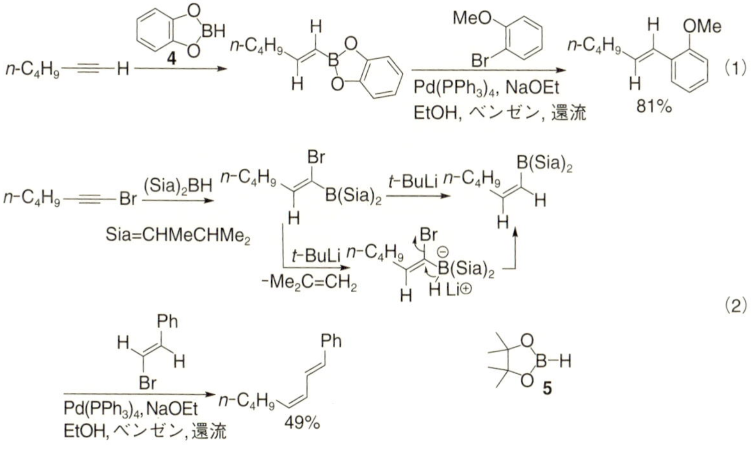

Scheme 3-10

28 第3章 クロスカップリング反応を用いるアルケンの立体選択的合成

ができます[10]．また，トランス-アルケニルボランは **Scheme 3-10**
の(1)に示すように末端アルキンのカテコールボラン **4** などによる
ヒドロホウ素化反応により容易に，かつ高立体選択的に得ることが
でき，パラジウム触媒存在下でハロアリールなどとカップリング反
応を起こしてトランス-アルケンを与えます[8]．シス-アルケニルボ
ランは 1-ハロ-1-アルキンのジアルキルボランによるヒドロホウ素
化と続く LiBEt$_3$H などでの還元で得られることが知られています．
反応はボロヒドリドアニオンを経由してヒドリドの移動とハロゲン
の脱離により起こりますが，この反応では副生成物となる BEt$_3$ な
どが次のカップリング反応に影響を与えるため副生成物の除去が必
要となります．*t*-BuLi 処理を行うとボロヒドリドアニオンとイソ
ブテンが生成し，続くヒドリド移動でシス-アルケニルボランを選
択的に得ることができます[11]．これを用いて鈴木-宮浦カップリン
グを行えば，Scheme 3-10 の(2)のようにシス-アルケンを選択的
に得ることが可能です[12]．ただし，収率は一般にトランス-アルケ
ニルボランを用いた場合に比べ低いので(49%)，立体的な影響を
受けていると考えられます．これらカップリング反応ではヒドロホ
ウ素化試薬としてカテコールボラン **4**, ジシアミルボラン（(Sia)$_2$
BH, Sia は *sec*-isoamyl の略），ピナコールボラン **5** がよく用いら
れます．一般にカップリング反応には有機ボロン酸やボロン酸エス
テルがよく用いられます．これはアルコキシ基はカップリング反応
を起こさないためですが，（ジシアミル）アルケニルホウ素化合物
でも嵩高いアルキル基は金属交換反応を起こしにくいためアルケニ
ル基の選択的なカップリング反応を行うことができます．

　末端アルケンの 9-BBN によるヒドロホウ素化で得られる B-アル
キル-9-ボラビシクロ [3.3.3] ノナン誘導体を用いると，ハロアル
ケンやハロアリールとアルキル基のカップリングが可能です

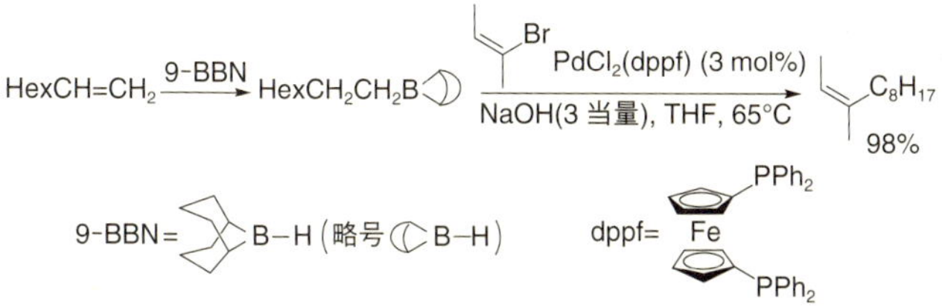

3.2 有機金属反応剤とのカップリング反応 *29*

Scheme 3-11

(**Scheme 3-11**)[13]．9-BBN は 9-ボラビシクロ［3.3.3］ノナンの略号で下図のような構造をしています．触媒としては Pd(PPh₃)₄ も使えますが PdCl₂(dppf) を用いると選択性が高く効率よくカップリング生成物が得られます．

3.2.3 右田-小杉-Stille カップリング[14]

　パラジウム錯体を触媒とする有機スズ化合物と有機ハロゲン化物などとのカップリング反応は右田-小杉-Stille カップリングとよばれています（**Scheme 3-12**）．反応機構は Scheme 3-6 の一般的な反応機構に沿って，酸化的付加(a)，金属交換(b)，トランス-シス異性化(c)，還元的脱離(d)に従っていると考えられます．

　有機スズ化合物($R'SnR''_3$)では，その置換基の種類により反応性が異なり，一般にアルキニル＞アルケニル＞アリール＞アリル，ベンジル＞＞アルキルの順に反応性が低下します．そのため R" として反応性の低い n-ブチルなどのアルキル基を用いれば，アルキニル，アルケニル，アリール，アリル，ベンジルなどを有機ハロゲン

$$RX + R'SnR''_3 \xrightarrow{\text{Pd(0)}} R\text{-}R' + XSnR''_3$$

R=Ar, アルケニル, R'C=O, X=ハロゲン, OTf

Scheme 3-12

化物, トリフラート, 酸塩化物などとカップリングさせることができます. 根岸カップリングや鈴木-宮浦カップリングと同様に立体特異的かつ位置選択的に反応は進行します. ほぼ中性の温和な条件で反応が進行し, 官能基許容性が非常に高いため, 反応性の高いホルミル基やヒドロキシ基などを含む多くの官能基に影響を与えることなくカップリング反応を行うことができ, 天然物などの複雑な分子を合成する手法として早くから利用されてきました. 有機スズ化合物は Sn−C 結合の分極があまり大きくないため (Pauling の電気陰性度は Sn が2.0, C が2.6. なお B は2.0, Al は1.6, Zn は1.9), 水や空気などにも比較的安定で扱いやすく, カラムクロマトグラフィーや蒸留により分解を起こすことなく精製することもできます. 有機スズ化合物の合成については多くの方法が知られています. 主なものは対応する Grignard 反応剤や有機リチウム反応剤と塩化トリブチルスズなどとの反応, ハロゲン化物やトシラートと Me_3SnNa などスズアニオンとの反応, アルキンへの Ph_3SnCu や $(Ph_3Sn)_2CuLi$ などの付加反応, ラジカル開始剤やパラジウム触媒を用いるスズヒドリドのアルキンへの付加反応などです. 右田-小杉-Stille カップリング反応の問題点としては, 副生成物が n-Bu_3 SnX の場合, 生成物との分離が困難になる場合が多く, また悪臭をもつことが挙げられます. さらに低分子量のアルキルスズは毒性があるため, トリメチルスズ試薬を用いる場合, 実験中喚気に注意する必要があります.

副生成物 n-Bu_3SnX の分離の対処法としてはトリエチルアミンカラムやフッ化カリウム水溶液を加えて不溶性沈殿として分離する方法などが開発されています. 無水炭酸カリウムを 10% (w/w) 混ぜたシリカゲルを用いて通常の溶媒でカラムクロマトグラフィーを行うと, n-Bu_3SnX (X=Cl, I, OTf) やビス (トリブチルスズ)

オキシド（(Bu₃Sn)₂O）は 100％ 保持されるのに対し，X が H やアルキル基では溶離され副生成物との分離が容易だと報告されています[15]．この方法は Stille カップリングだけでなく，有機スズ化合物の合成，トリブチルスズ（Bu₃SnH）を用いるラジカル還元反応などの後処理として用いることができます．特に，右田-小杉-Stille カップリングの基質となるアリールスズ化合物やビニルスズ化合物ではプロト脱スタニル化（Sn が H と置き換わる反応）が起こりやすいのですが，この方法では生成物が分解することなく精製することが可能です．

　塩化アリル類とアルケニルスズ化合物とのカップリング反応は一般に高い収率で対応するカップリング生成物を与えます．**Scheme 3-13** のようにビニルスズ化合物の二重結合の立体は保持され，塩化アリルの塩素の結合した炭素は立体が反転します[16]．これは反応系中で生成した Pd(PPh₃)₂ へ塩化アリルのアルケン部分が配位した後，SN2'型[†]で酸化的付加しメトキシカルボニル基とシスの関係になる π–アリルパラジウムを生成するためと考えられています．続いてアルケニル基が Sn から Pd に金属交換を起こした後，還元的脱離して生成物が得られます．

　位置選択的エノラート生成反応を用いるとケトンからアルケニル

Scheme 3-13

---

† 　置換アリル化合物の SN2 反応でアリル転位を起こす場合を SN2'型反応とよびます．

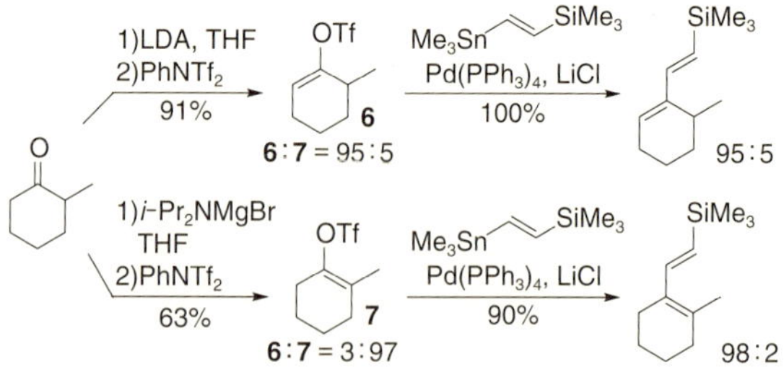

32 第3章 クロスカップリング反応を用いるアルケンの立体選択的合成

Scheme 3-14

トリフラート **6** と **7** を作り分けることができます（**Scheme 3-14**）. テトラヒドロフラン（THF）中，塩基としてリチウムジイソプロピルアミド（i-Pr$_2$NLi または LDA）を用いてエノラートを生成させた後，PhNTf$_2$ と反応させると **6** が，i-Pr$_2$NMgBr を塩基として用いると置換基の多い側のトリフラート **7** が選択的に得られます. これら得られたアルケニルトリフラートは Pd(0) 触媒によるアルケニルスズ化合物とのカップリング反応により高収率，高立体特異的に 1,3-ジエンを与えます[17]. このカップリング反応は塩化リチウム（LiCl）を入れないと全く進行しません. パラジウム錯体とアルケニルトリフラートは瞬時に反応することが確認されており，酸化的付加は起こるもののその後の反応が進行しないと推測できます. LiCl 存在下ではアルケニル–Pd–OTf がアルケニル–Pd–Cl へ変換され，ハロゲン化アルケニルを用いた反応と同様に触媒的に反応が進行しカップリング生成物が生成すると考えられています.

　これら遷移金属を用いるカップリング反応は，通常高い立体特異性でアルケンを与えますが，これら反応は原料となる化合物の立体保持で反応が起こるため，原料の高立体選択的合成法があって初めて成り立つということに注意が必要です.

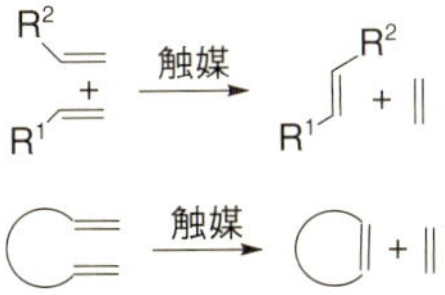

Scheme 3-15

　なお，オレフィンメタセシス反応も Grubbs 触媒（ルテニウムカルベン錯体）の開発以来アルケンの立体選択的合成法として頻繁に用いられる反応の一つとなりました．オレフィンメタセシス反応は2種類のオレフィン間で結合の組み換えが起こる触媒反応のことで **Scheme 3-15** に代表的な反応様式を示しています．詳しくは参考文献18をご参照ください．

参考文献

1) a) Mizoroki, T.; Mori, K.; Ozaki, A. (1971) *Bull. Chem. Soc., Jpn.*, **44**, 581.

　　b) Heck, R. F.; Nolley Jr., J. P. (1972) *J. Org. Chem.*, **37**, 2320.

2) Zegar, S.; Tokar, C.; Enache, L. A.; Rajagopol, V.; Zeller, W.; O'Connell, M.; Singh, J.; Muellner, F. W.; Zembower, D. E. (2007) *Organic Process Research & Development*, **11**, 747.

3) Jeffery, T. (1985) *Tetrahedron Lett.*, **26**, 2667.

4) Brosius, A. D.; Overman, L. E.; Schwink, L. (1999) *J. Am. Chem. Soc.*, **121**, 700.

5) King, A. O.; Okukado, N.; Negishi, E. (1977) *J. C. S. Chem. Commun.*, 683.

6) Baba, S.; Negishi, E. (1976) *J. Am. Chem. Soc.*, **98**, 6729.

7) Negishi, E.; Okukado, N.; King, A. O.; Van Horn, D. E.; Spiegel, B. I. (1978) *J. Am. Chem. Soc.*, **100**, 2254.

8) Miyaura, N.; Suzuki, A. (1979) *J. C. S. Chem. Commun.*, 866.

9) a) Carrow, B. P.; Hartwig, J. F. (2011) *J. Am. Chem. Soc.*, **133**, 2116.

　　b) Amatore, C.; Jutand, A.; Duc, G. L. (2011) *Chem. Eur. J.*, **17**, 2492.

10) 山本靖典，宮浦憲夫 (2008) 有機合成化学協会誌, **66**, 194.

11) Campbell, Jr., J. B.; Molander, G. A. (1978) *J. Organomet. Chem.*, **156**, 71.

34 第3章 クロスカップリング反応を用いるアルケンの立体選択的合成

12) Miyaura, N.; Yamada, K.; Suginome, H.; Suzuki, A. (1985) *J. Am. Chem. Soc.*, **107**, 972.

13) Miyaura, N.; Ishiyama, T.; Sasaki, H.; Ishikawa, M.; Satoh, M.; Suzuki, A. (1989) *J. Am. Chem. Soc.*, **111**, 314.

14) 総説：Still, J. K. (1986) *Angew. Chem. Int. Ed. Engl.*, **25**, 508.

15) Harrowven, D. C.; Curran, D. P.; Kostiuk, S. L.; Wallis-Guy, I. L.; Whiting, S.; Stenning, K. J.; Tang, B.; Packard, E.; Nanson, L. (2010) *Chem. Commun.*, **46**, 6335.

16) Sheffy, F. K.; Godschalx, J. P.; Stille, J. K. (1984) *J. Am. Chem. Soc.*, **106**, 4833.

17) Scott, W. J.; Crisp, G. T.; Stille, J. K. (1984) *J. Am. Chem. Soc.*, **106**, 4630.

18) 森美和子 (2012)『化学の要点シリーズ2 メタセシス反応』共立出版.

第4章

カルボニル化合物から
アルケンの立体選択的合成

　ここではカルボアニオンをアルデヒドやケトンなどのカルボニル
化合物へ付加させた後，脱離反応を経るアルケン合成について説明
します．2つの有機分子を結合させて大きな分子を構築していく際
に用いることができ，アルケンの合成法としてだけでなく炭素骨格
の連結法として医薬品や機能性物質の合成にも頻繁に利用されてい
ます．立体選択的に二重結合の形成を可能にする多くの反応剤が開
発されており，熱力学的に安定な立体異性体だけでなく不安定な異
性体の合成もほとんどの反応において可能になっています．なお，
このタイプの反応では「アルケン合成」のことを「オレフィン化」
という言葉をよく用いて表現しています．本章においては慣例に従
い「オレフィン化」と表記します．

4.1　Wittig 反応[1]

　ホスフィンをハロゲン化アルキルと反応させて得られるホスホニ
ウム塩に塩基を作用させて調製した化学種をリンイリドといいます
（**Scheme 4-1**）．イリドとは負電荷をもつ炭素原子に正電荷をもつ
ヘテロ原子が共有結合で隣接する構造をもつ化合物の総称です．ヘ
テロ原子がリンの場合はリンイリド，硫黄の場合は硫黄イリドとよ
ばれます．リンイリドは P＝C 結合をもつアルキリデンホスホラン

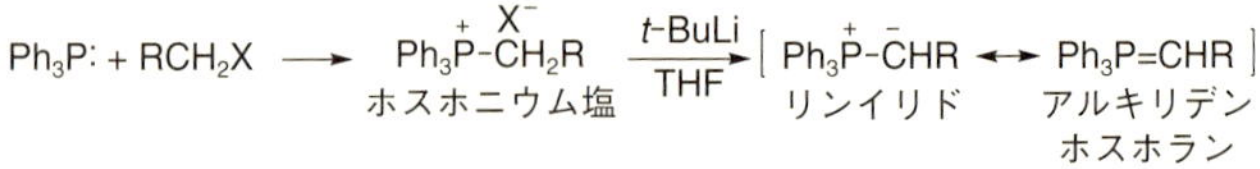

36　第4章　カルボニル化合物からアルケンの立体選択的合成

$$Ph_3P: + RCH_2X \longrightarrow \underset{\text{ホスホニウム塩}}{Ph_3\overset{+}{P}-\overset{X^-}{CH_2R}} \xrightarrow[\text{THF}]{t\text{-BuLi}} [\underset{\text{リンイリド}}{Ph_3\overset{+}{P}-\overset{-}{C}HR} \longleftrightarrow \underset{\substack{\text{アルキリデン}\\\text{ホスホラン}}}{Ph_3P=CHR}]$$

Scheme 4-1

の共鳴構造を書くこともできますが，その寄与は小さくイリドの形として主に存在しています．

　このリンイリドをアルデヒドやケトンと反応させてアルケンを合成する反応は Wittig 反応とよばれています．Wittig 反応は二重結合を構築する最も強力な手段の一つで，天然物合成や医薬品の製造に幅広く利用されており，開発した Georg Wittig は 1979 年にノーベル化学賞を受賞しています．Wittig 反応は温和な条件下で速やかに進み，2.1 節で述べた脱離反応と違い，生成物における二重結合の位置が単一であるという利点や C−C 結合形成と二重結合の形成が一挙にできる利点があります．また，多くの場合アルケンの立体制御を行う方法も種々開発されています．リンイリドは炭素アニオンが求核剤としてカルボニル炭素に求核付加を起こし，生じた付加体の酸素アニオンが P+ と結合してオキサホスフェタンとよばれる 4 員環中間体を与えた後，ホスフィンオキシドが脱離してアルケンを与えます（**Scheme 4-2**）．この反応の駆動力は非常に安定な P=O 結合の生成です．反応は立体障害の影響を受けやすく，アルデヒドでは反応は速やかに進みますが，ケトンでは立体障害の小さいシクロヘキサノンなどを除いて反応は進みにくくなります．また，副生

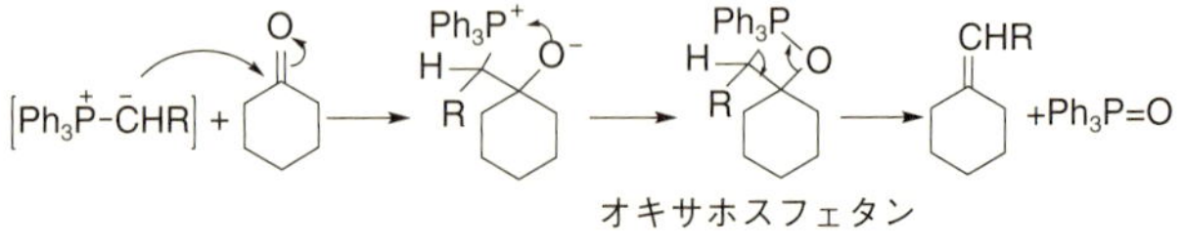

Scheme 4-2

成物として生じるトリフェニルホスフィンオキシド($Ph_3P=O$)は結晶性が高く脂溶性も高いため，生成物アルケンからの分離が困難になることがあります．さらに，ホスフィンオキシドは廃棄物となるため「原子効率」[†]の観点からも問題があり，廃棄物の少ない反応への改良が現在も続けられています．

イリドの反応性と安定性はイリドのカルボアニオンに結合している置換基によって大きく異なります．リンイリドには安定イリドと不安定イリドがあり，さらにその中間の準安定イリドもあります．それらは反応性だけでなく，生成物アルケンの立体選択性も大きく異なっているため，それぞれについて以下に説明していきます．

4.1.1 不安定イリド

リンイリドのアニオン炭素に電子求引基をもたないイリドを不安定イリドとよびます．イリド炭素にHや電子供与性のアルキル基をもつイリドで，ホスフィンとしてはトリフェニルホスフィン（Ph_3P）が通常用いられます．不安定イリドは求核性が非常に高く，酸素や水と速やかに反応するので不活性雰囲気下で扱う必要があります．反応機構については多くの研究が行われており，不安定イリドの反応は協奏的な環化付加によりオキサホスフェタンが一段階で生成するという機構が支持を得ています（**Scheme 4-3**）．リン上の Ph 基とアルデヒドの R 基との反発のある **a2** と比べ，立体反発の小さい **a1** の遷移状態を経てシス-オキサホスフェタンが生成し，シス-ア

[†] 「原子効率」(atom economy)とは，ある化学反応に含まれる原子の変換効率のことで，アトムエコノミーともよばれます．Trost 博士によって提案された環境配慮の評価指標で，原子効率（％）＝〔目的物の分子量／反応物の全分子量の総和〕× 100 です．副生成物の多い化学反応は原子を無駄に使っていて環境に悪いなどと評価されます．環境に負担をかけない化学プロセスの開発は今や化学系企業にとって非常に重要なテーマの一つとなっています．

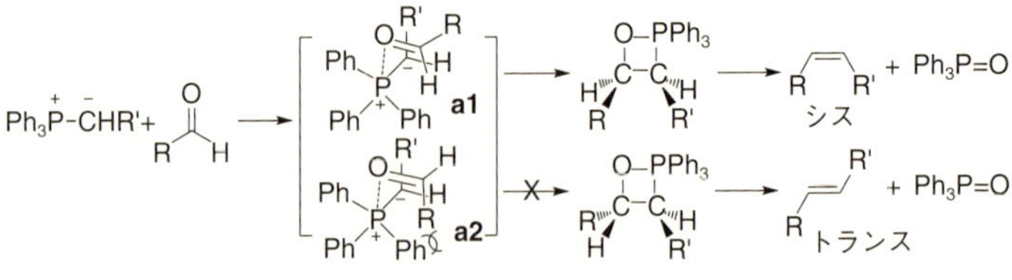

Scheme 4-3

ルケンが得られると説明されています.

　不安定イリドを用いる反応は塩基や溶媒の影響を受けやすく,リチウム塩が共存するとシス選択性が低下する場合があるので,シス-アルケンを得たい場合はリチウム塩を沈殿により反応系から除去するか,ホスホニウム塩を脱プロトン化する時,リチウム塩基ではなくナトリウムヘキサメチルジシラジド(NaHMDS, $NaN(SiMe_3)_2$),カリウムヘキサメチルジシラジド(KHMDS, $KN(SiMe_3)_2$)またはt-BuOKを用いるとよいといわれています.このリチウム塩を除く条件をsalt-free条件とよびます.溶媒も重要でジエチルエーテル(Et_2O),THF,ジメトキシエタン(DME)などのエーテル系溶媒を用いるのがよいとされています.**Scheme 4-4**の反応では$NaNH_2$やNaHMDSを塩基に用いると97：3〜96：4のシス選択性を示しますが,n-BuLiを用いた例では選択性は50：50に低下しています[2].イリドの発生には強塩基が必要で不安定イリド自身も塩基性をもつため,塩基に弱い基質の反応には注意が必要です.

Scheme 4-4

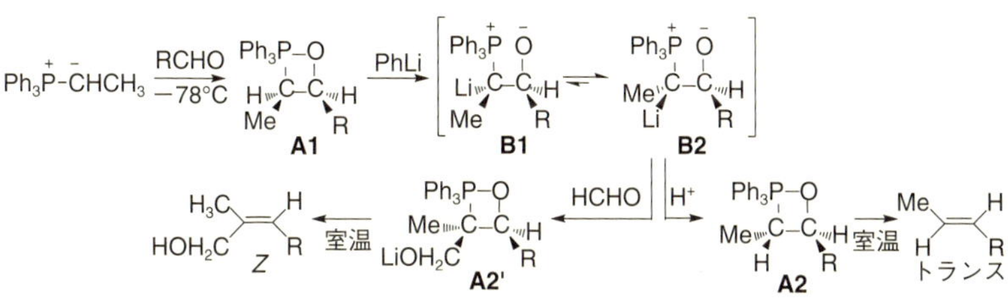

4.1 Wittig 反応　*39*

Scheme 4-5

　不安定イリドからトランス-アルケンを得たい場合には2当量の
リチウム塩基を用いる Schlosser 法が用いられます[3]. **Scheme 4-5**
のようにリンイリドをアルデヒドに低温で付加させて生じるオキサ
ホスフェタン中間体 **A1** に n-BuLi または PhLi（フェニルリチウム）
などの強塩基を作用させると，リン原子 α 位の酸性プロトンを引
き抜いて β-オキシドイリド **B1** が生成します．**B1** は熱力学的に安
定な **B2** に速やかに変換され，これを酸で処理することにより **A2**
を経て，室温にするとトランス-アルケンが得られます．**B2** はホ
ルムアルデヒドなどの求電子剤とも反応するため，官能基化（**A
2'**）の後，オレフィン化を行うこともできます．

4.1.2　安定イリド

　イリド炭素に電子求引基のカルボニル基やニトリル基などが結合
したものを安定イリドといいます．**Scheme 4-6** に示すようにア
ニオンは共鳴により安定になるので，酸素存在下やプロトン性溶媒
中でも安定に扱うことができるようになります．ホスホニウム塩は
トリフェニルホスフィンとブロモ酢酸エステルなどから容易に得ら
れ，NaH，ナトリウムエトキシド(EtONa)，NaOH 水溶液などと反
応させることによりイリドに変換できます．このため安定イリドは

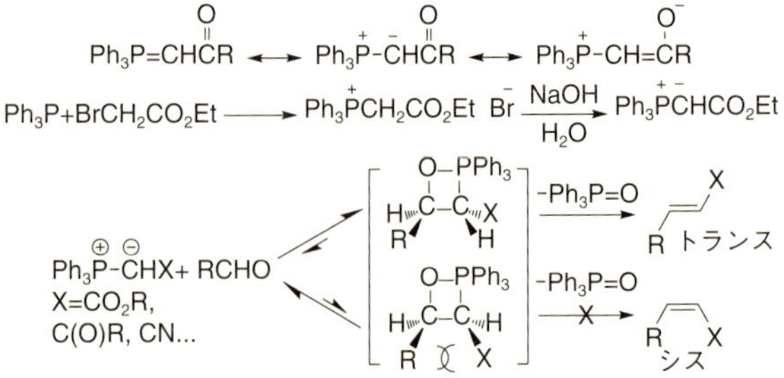

第4章 カルボニル化合物からアルケンの立体選択的合成

$$Ph_3P=CHCR \longleftrightarrow Ph_3\overset{+}{P}-\overset{-}{CHCR} \longleftrightarrow Ph_3\overset{+}{P}-CH=CR$$

$$Ph_3P+BrCH_2CO_2Et \longrightarrow Ph_3\overset{+}{P}CH_2CO_2Et \ Br^- \xrightarrow[H_2O]{NaOH} Ph_3\overset{+}{P}\overset{-}{CHCO_2Et}$$

$$Ph_3\overset{\oplus}{P}-\overset{\ominus}{CHX} + RCHO$$
X=CO₂R,
C(O)R, CN...

Scheme 4-6

コラム2

ロスバスタチンカルシウム
（高コレステロール血症治療薬）の合成[1]

　コレステロールはヒトにとって細胞膜の必要不可欠な構成成分であり，種々のホルモンを生産する重要な中間物質でもありますが，体内のコレステロールの消費と供給のバランスが崩れると，血管壁への沈着が進行し心筋梗塞や脳梗塞の原因となります．生体内コレステロールの大部分は食事由来ではなく体内での生合成により造られるため，生合成経路を阻害するロスバスタチンカルシウム **C-4** が塩野義製薬により高コレステロール血症治療薬として開発され，2002 年より全世界で販売されブロックバスター（年商 1000 億円以上の薬）となりました．

　その合成にはアルデヒド **C-1** とキラルなリンイリド **C-2** との Wittig 反応が用いられています．得られる **C-3** のシリル保護基をフッ化水素（HF）で脱保護したのち，キレーション制御でケトンの立体選択的な還元を行い，エステルをNaOH 水溶液で加水分解してナトリウム塩にします．最後に塩化カルシウム（CaCl₂）でカルシウム塩に変換して **C-4** を得ています．Wittig 反応は立体選択的なアルケン合成法として優れているだけでなく，2 つの分子を連結させて大

塩基性，求核性ともに低下し反応性が低くなるので，主にアルデヒドとの反応に用いられます．安定イリドのカルボニル基への付加反応は可逆で，より熱力学的に安定なオキサホスフェタン中間体（立体障害の小さい方）を経由して反応が進行しトランス-アルケンが主生成物となります．ただし，メタノールやエタノールなど極性溶媒中で反応を行うとシス-アルケンの生成量が増えてきます．特にα-アルコキシアルデヒドとの反応ではシス-アルケンが選択的に得られる場合もあります[4]．

Scheme 4-7 のように，ホルミル基のついた試薬リンイリド **1**

きな分子を作る方法として優れていることもわかっていただけるでしょうか．

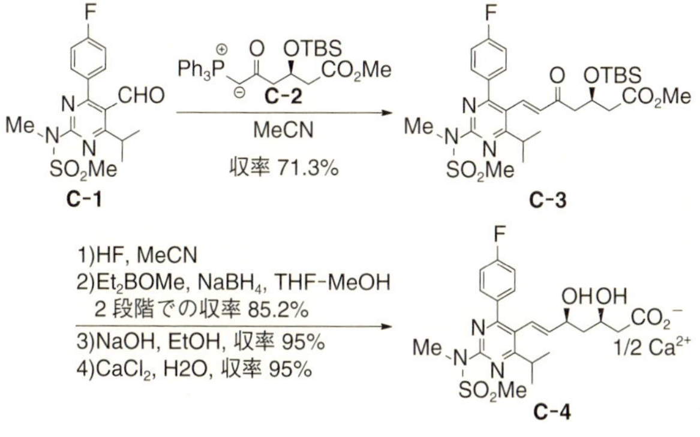

1) Watanabe, M.; Koike, H.; Ishiba, T.; Okada, T.; Seo, S.; Hirai, K. (1997) *Bioorg. Med. Chem.*, **5**, 437.

（岐阜大学工学部　安藤　香織）

42　第4章　カルボニル化合物からアルケンの立体選択的合成

を用いるとトランス-α,β-不飽和アルデヒドが得られます．しかし，この反応で生成するアルデヒドも Wittig 試薬と反応するために，生成物 α,β-不飽和アルデヒドの反応性が原料アルデヒドと同等以上の場合は複数のオレフィンの混合物になってしまいます．2つ目の Wittig 反応が起こらないようにトルエンを溶媒として用いている例や，入手容易なアルデヒドを過剰量用いている例などが報告されています．試薬の合成はメチレンイリド試薬をエチルホルメートと反応させた後，塩酸でアルデヒドに変換，NaOH 水溶液でイリドにするか，ホスフィンを α-ハロアセトアルデヒドと加熱後，NaOH 水溶液で処理して得られます(1)．**1** はアルデヒドと反応してトランス-α,β-不飽和アルデヒドを高選択的に与えますから，さらに続けて Wittig 反応を行えば，ジエンやトリエンなどの立体選択的な合成も容易に行うことができます．(2)では 2-チオフェンカルボキシアルデヒドとの反応で得られるトランス-α,β-不飽和アルデヒドを，アリル基をもつ Wittig 試薬とさらに反応させてトリエンを得ています．アリル基をもつイリドは 4.1.3 項で述べる準安定イリドで，一般には立体選択性が低いのが特徴です．

　Scheme 4-8 ではトルエン中保護された D-グリセルアルデヒドと **1** の反応を行いトランス-α,β-不飽和アルデヒドを高い選択性，

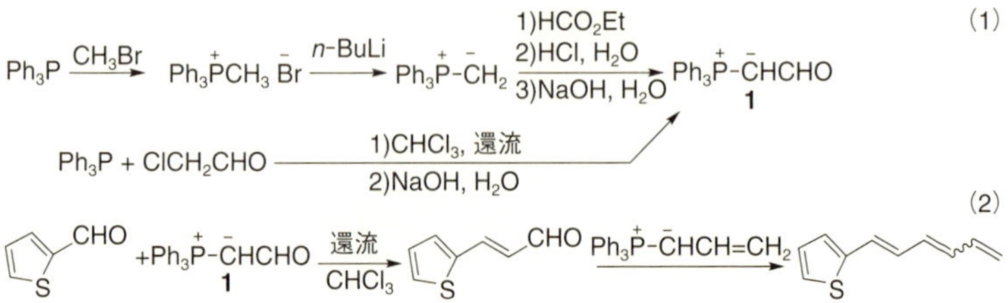

Scheme 4-7

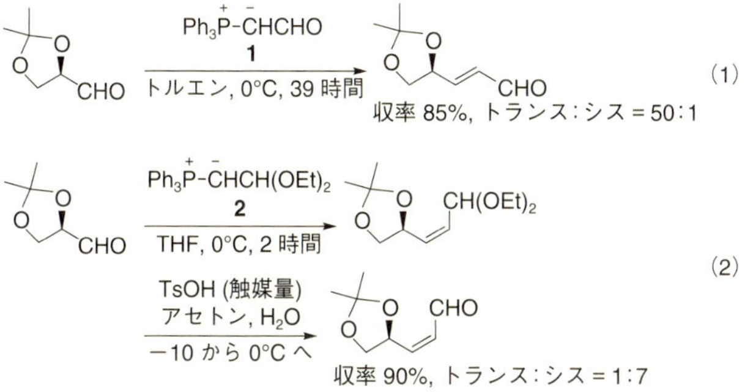

$$(1)$$

$$(2)$$

Scheme 4-8

高収率で得ています(1). シス体がほしい場合には Bestmann 試薬とよばれるリンイリド **2** を用いてシス-α,β-不飽和アセタールを合成し, その後温和な条件で官能基選択的な酸加水分解を行うことによりシス-α,β-不飽和アルデヒドを得ることが可能です(2)[5)6)].

4.1.3 準安定イリド

イリド炭素にフェニル基やアルケニル基, ハロゲンやアルコキシ基などをもつイリドを準安定イリドといいます. 安定性, 反応性ともに安定イリドと不安定イリドの中間に位置し, 生成するアルケンは通常シス, トランスの混合物となります. シス-トランス制御のためにこれまでリン原子上の置換基の検討が行われてきました. トリフェニルホスフィンの代わりにトリエチルホスフィン(Et₃P)を用いて得られるベンジルイリドと芳香族アルデヒドとの反応では高いトランス選択性でスチルベン誘導体が得られます. 生理活性物質として注目されているレスベラトロールの合成では収率 95%, トランス:シス=95:5 でアルケンを得た後, 三臭化ホウ素(BBr₃)でメチルエーテルを脱保護して目的物へ変換されています (**Scheme 4**

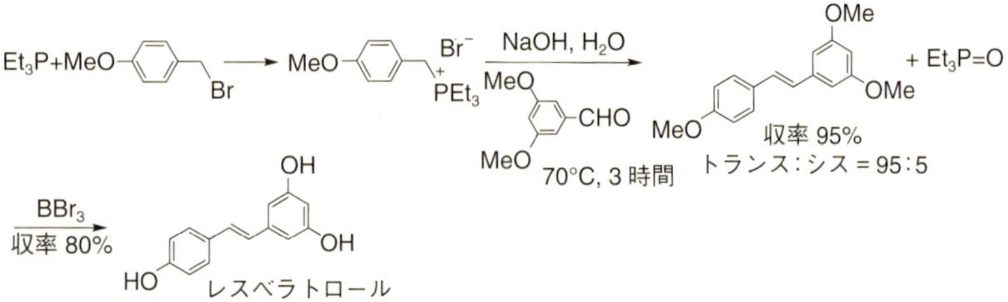

44　第4章　カルボニル化合物からアルケンの立体選択的合成

Scheme 4-9

-9)[7]. これに対しトリフェニルホスフィンから得られるイリドで
はほぼ1：1のスチルベン混合物が得られます. また, 副生成物の
トリエチルホスフィンオキシド(Et₃P=O)はトリフェニルホスフィ
ンオキシドと違って水に可溶であるため, アルケン生成物からの分
離も容易で良いことばかりのようにみえます. ただし, トリエチル
ホスフィンは空気や水分に不安定で高価であるなどの問題もありま
す.

　トリメチルホスファイトから得られるイリド, (MeO)₃P=CHPh
の反応もトランス-アルケンを選択的に与えると報告されていま
す[8]. この場合には, 試薬の合成に通常のイリド合成法が使えない
ため, フェニルジアゾメタン(PhCHN₂)をフラスコ内で調整した
後, 金属触媒によりP(OMe)₃と反応させなければならないという
難点があります. この方法でもレスベラトロールの合成が行われ,
97：3のトランス選択性が得られています.

　トリフェニルホスフィンのフェニル基のオルト位置にメトキシメ
トキシ基を結合させたアリル試薬 **3** を用いるとジエンの立体選択
的な合成が可能となります. **Scheme 4-10** の例ではヘプタナール
(*n*-HexCHO)との反応で2-トランス-4-シス-ウンデカジエンが
93：7の高い選択性で得られていますが, オルト位置に置換基があ

るために反応性が低下し低収率となっています[9].

以上，準安定イリドの立体選択性の改善に向けたリン原子上の置換基の検討による方法を紹介してきましたが，実用的なレベル（試薬の調整が容易で原料が安価）とはなっていないようです．イリドではなくアルデヒドの構造を変えることによる選択性の改善が最近報告されたので紹介します（**Scheme 4-11**）．アルデヒドをイミンへと変換し，イミンの窒素原子上の置換基の立体的および電子的効果を調整することにより立体選択性を制御しています．イミンは炭素－窒素二重結合をもつ化合物でアルデヒドから容易に得られ，イリドとの Wittig 反応はアザホスフェタン中間体を経て起こると考

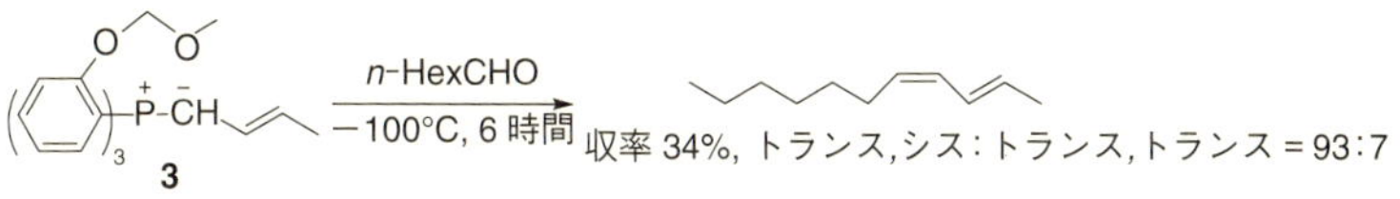
n-HexCHO
−100°C, 6 時間
3
収率 34%, トランス,シス：トランス,トランス = 93：7

Scheme 4-10

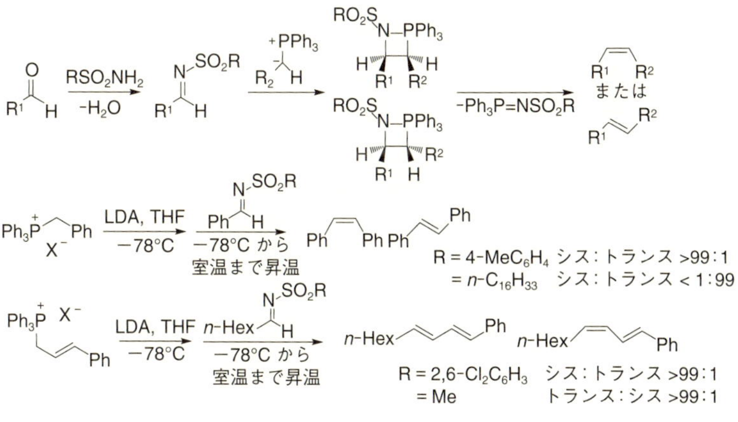
RSO2NH2
-H2O
-Ph3P=NSO2R
または
LDA, THF
−78°C
−78°C から
室温まで昇温
R = 4-MeC6H4 シス：トランス >99：1
= n-C16H33 シス：トランス < 1：99
R = 2,6-Cl2C6H3 シス：トランス >99：1
= Me トランス：シス >99：1

Scheme 4-11

えられます．通常のイミンだと反応性が低いため，窒素上に電子求引性のスルホニル基を用いその置換基 R を調節することにより，種々のスチルベン誘導体だけでなく，ジエンの立体選択的な合成にも成功しています[10]．得られる選択性がいずれも 99：1 以上という極めて高いのには驚かされますが，それぞれの基質について適する R を用いることが必要です．

　ハロアルケンは合成化学において有用なビルディングブロック（大きな分子を組み立てるために用いられる汎用性のある小さな分子原料）であり，高い立体選択性で合成する必要があります．**Scheme 4-12**(1)のようにジヨードメタン(I_2CH_2)とトリフェニルホスフィンをトルエン中加熱して得られるホスホニウム塩を，THF中 NaHMDS で脱プロトン化後，アルデヒドと反応させるとシス-ヨードアルケンが高い選択性で得られてきます（Scheme 4-12)[11]．特に，HMPA（ヘキサメチルリン酸トリアミド$(Me_2N)_3P=O$）存在下では選択性はさらに高くなると報告されています[12]．この方法は生理活性天然物の合成研究でよく用いられる信頼できる方法です．また，(2)のようにエチルホスホニウム塩をヨウ素化した後，同様にアルデヒドと反応させれば Z-2-ヨード-2-アルケンが高い選択性で得られます[13]．

　以上の説明からもわかるように Wittig 反応は極めて有用な立体

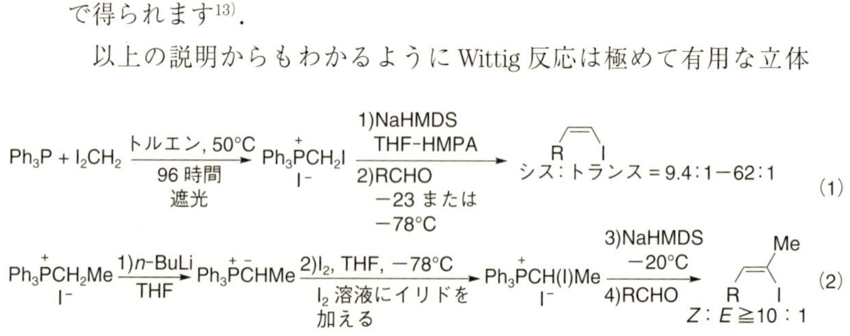

Scheme 4-12

4.1 Wittig 反応　　*47*

選択的アルケンの合成法で多くの利用例を挙げることができます.
欠点はいくつかあるものの，それらの多くは上述のように改善され
てきました. しかし，最大の欠点である副生成物，トリフェニルホ
スフィンオキシドを生成させない方法については，実用的なレベル
には達していません. 最近，触媒量のリン化合物を用いる触媒的
Wittig 反応が報告されたので紹介します[14]. 反応は **Scheme 4-13**
の触媒サイクルにより起こると考えられます. ホスフィンオキシド
は反応系中でジフェニルシラン(Ph_2SiH_2)により還元されてホス
フィンになり，ハロゲン化アルキルと反応してホスホニウム塩を生
成します. 塩基によりイリドを生成しアルデヒドと反応して，アル
ケンを生成すると同時にホスフィンオキシドを再生するという反応
です. この触媒サイクルが起こるためにはホスフィンオキシドがア
ルデヒド存在下選択的に効率よく還元されることが必要です. 還元
のしやすさから選ばれたのはホスフィンオキシド **4** です. 実際に
アルデヒドとブロモ酢酸メチルを触媒量の **4**，1.1〜1.5 当量の Ph_2
SiH_2，1.5 当量の Na_2CO_3 存在下トルエン溶媒中 100℃ に加熱する
とケイ皮酸メチルが 74% の収率で得られてきます. 理論計算も行
われており **4** はトリフェニルホスフィンオキシドより環ひずみの

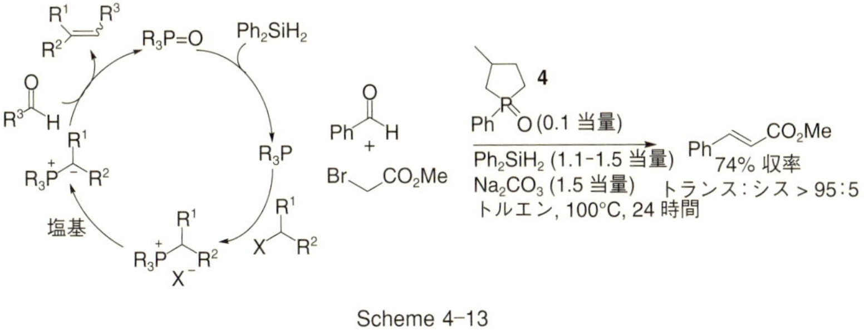

Scheme 4-13

48　第4章　カルボニル化合物からアルケンの立体選択的合成

緩和のために還元されやすいこという結果が得られているそうです．この方法もまだ実用的とはいえませんが，このような研究が続けられていくうちにブレイクスルーへとつながるのだと思います．

4.2　Horner–Wadsworth–Emmons（HWE）反応[15]

　リンイリドの代わりにホスホン酸エステルを用いるカルボニル化合物のオレフィン化反応は Horner–Wadsworth–Emmons 反応または頭文字を取って HWE 反応とよばれています．**Scheme 4-14** の X としては隣の炭素上のアニオンを安定化させるエステル基，ケトン基，ニトリル基，アミド基，スルホン基，ホスホン酸エステル基などをもつ場合に反応は円滑に進行します．この試薬を塩基で処理して得られるアニオンは対応する Wittig 試薬に比べ強い求核性をもち，カルボニル化合物と容易に反応してアルケンを良い収率で与え，水溶性のホスフェート塩が副生します．Wittig 反応の欠点であった結晶性と脂溶性の高い副生成物の分離の問題を解決でき，安

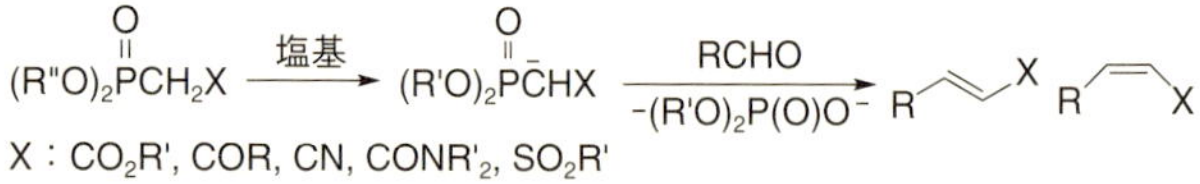

$$(R''O)_2\overset{O}{\overset{\|}{P}}CH_2X \xrightarrow{\text{塩基}} (R'O)_2\overset{O}{\overset{\|}{P}}\overset{-}{C}HX \xrightarrow[-(R'O)_2P(O)O^-]{RCHO} R\diagdown X \quad R\diagup X$$

X：CO_2R', COR, CN, $CONR'_2$, SO_2R'

Scheme 4-14

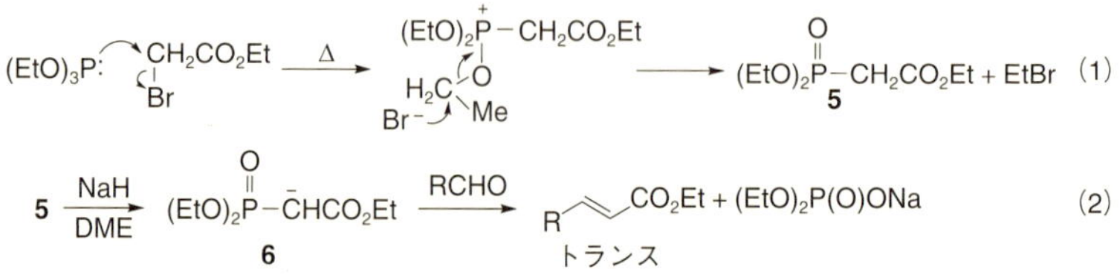

$$(EtO)_3P\text{:} \overset{CH_2CO_2Et}{\underset{Br}{\diagup}} \xrightarrow{\Delta} (EtO)_3\overset{+}{P}-CH_2CO_2Et \longrightarrow (EtO)_2\overset{O}{\overset{\|}{P}}-CH_2CO_2Et + EtBr \quad (1)$$
5

$$\mathbf{5} \xrightarrow[\text{DME}]{\text{NaH}} (EtO)_2\overset{O}{\overset{\|}{P}}-\overset{-}{C}HCO_2Et \xrightarrow{RCHO} R\diagup CO_2Et + (EtO)_2P(O)ONa \quad (2)$$
6　　トランス

Scheme 4-15

定イリドの反応性の低さの欠点も解決した反応といえます.

　HWE 試薬であるホスホン酸エステル（試薬 **5** など）は亜リン酸トリアルキルとブロモ酢酸エチルなどとの反応により容易に調製できます. **Scheme 4-15** の(1)の反応はArbuzov（アルブゾフ）反応とよばれています. Arbuzov 反応は亜リン酸トリアルキルのリン原子がハロゲン化アルキルのアルキル基を求核攻撃して（S_N2 反応）ホスホニウム塩を生成した後, 脱離したハライドがホスホニウム塩上のアルコキシ基に求核攻撃を起こして（S_N2 反応）ホスホン酸エステルを生成する反応です. 亜リン酸トリエチルとブロモ酢酸エステルからは試薬 **5** が生成します. この試薬 **5** を NaH のような塩基と反応させるとエノラート **6** が生成し, アルデヒドを作用させるとα,β-不飽和エステルが高いトランス選択性（通常95：5程度）で得られます(2). 安定イリドを用いる Wittig 反応では通常加熱が必要なのに対し, HWE 反応は室温以下の温度でも速やかに反応は進行し, 水溶性のリン酸ジエチルナトリウム（$(EtO)_2P(O)ONa$）が副生成物であるため生成物アルケンの精製が容易です.

　Scheme 4-16 の **7** のようなβ-ケトホスホン酸エステルの調製には Arbuzov 反応はあまり有効ではないためメチルホスホン酸エステルから得られるアニオンとエステルとの反応が用いられます. ケトン試薬 **7** に塩基を作用させてアニオンにした後, アルデヒドと反応させると, 合成的に有用なα,β-不飽和ケトンが高いトランス選択性で得られます.

　試薬 **5** や **7** をケトンと反応させれば三置換アルケンが得られま

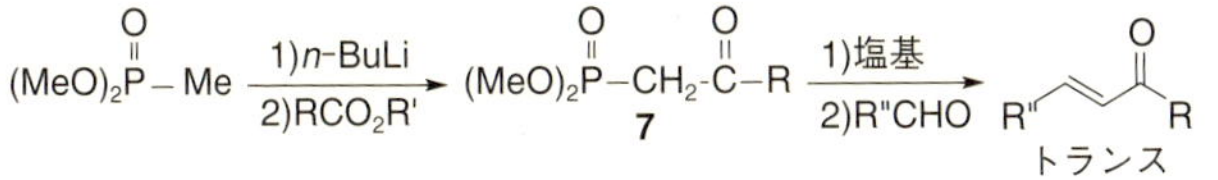

Scheme 4-16

50   第4章　カルボニル化合物からアルケンの立体選択的合成

す．ケトンとの反応はWittig反応と比べれば容易に起こるとはいえ，HWE反応も立体的な影響を受けやすく，比較的立体障害の少ないシクロヘキサノンなどのケトンとの反応でのみ高収率が得られます．また，ケトンとの反応の立体選択性は一般に低く，E体が若干優先して得られる傾向にあります．

　HWE試薬をアルキル化して**8**のような α-アルキルHWE試薬を調製すれば，アルデヒドとの反応でも三置換アルケンが得られます（**Scheme 4-17**）．この際，得られるアルケンの立体選択性は反応

コラム3

インフルエンザ治療薬，タミフルの合成

　タミフルはオセルタミビルリン酸塩の商品名で，インフルエンザウィルスがヒト細胞内で増殖する際に重要な役割を果たすノイラミニダーゼを特異的に阻害し，経口投与で高い有効性を示すことから全世界でインフルエンザ治療薬として使用されています．ロシュ社の方法ではシキミ酸から10段階の化学変換により製造されていますが，その重要性から多くの有機合成化学者によってより効率的な合成ルートによる全合成が達成されました．その一つとして，我々はワンポットでの高効率オセルタミビル(**1**)合成に成功しているので紹介します[1]．**1**はリン酸で処理することによりリン酸塩（タミフル）に変換できます．

　キラル有機触媒であるジフェニルプロリノールシリルエーテル **4** を用いるアルデヒド **2** とニトロアルケン **3** の不斉マイケル反応の後，リン酸エステル部位を有するアクリル酸誘導体 **6** との反応で，一挙にシクロヘキセン骨格 **8** を合成しました．この反応ではニトロ化合物の電子不足アルケンへのマイケル反応により **7** が生成し，続いて分子内HWE反応が進行しています．マイケル受容体 **6** は2つの電子求引性基によりマイケル受容体能が向上しているだけでなく，次のHWE反応にそのまま利用されています．以下，チオールのマイケル反応と5位の異性化，ニトロ基の還元，チオールのレトロマイケル反応を

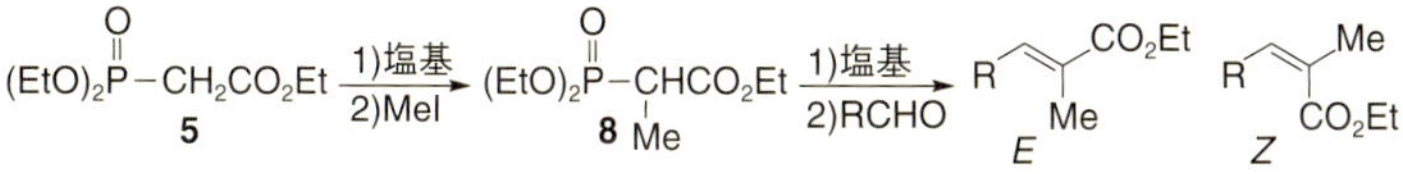

4.2 Horner–Wadsworth–Emmons（HWE）反応　*51*

Scheme 4-17

条件やアルデヒドの種類に依存しますが，一般には *E* 体が多く得られるものの，二置換アルケンの場合のトランス選択性と比較した場合低下する傾向にあります[15]．

全て同一容器内で行うことで，オセルタミビルの合成を達成しました．HWE反応をドミノ反応に組み込むことにより，溶媒を変えることもなく効率的なワンポットでの全合成を達成しました．

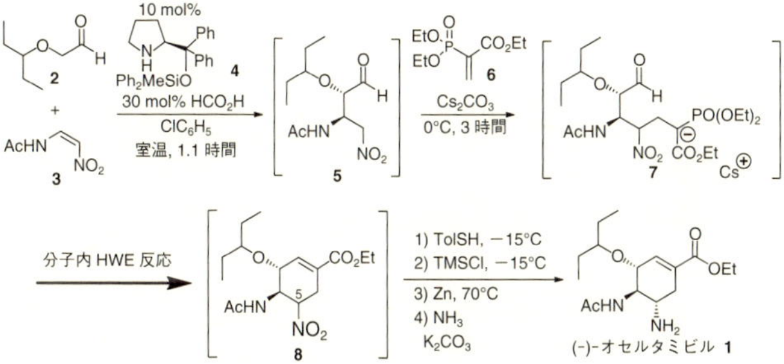

9 段階ワンポット反応，総収率 36%

1) Mukaiyama, T.; Ishikawa, H.; Koshino, H.; Hayashi, Y.（2013）*Chem. Eur. J.*, **19**, 17789.

（東北大学大学院理学研究科　林　雄二郎）

4.2.1 HWE反応の反応機構

HWE反応の反応機構としては一般に**図4-1**のような機構が考えられています．ホスホン酸エステルと塩基から得られるアニオンがアルデヒドに付加して，エリトロ，トレオ付加体を与えます[†]．この反応は可逆であり，これら付加体の酸素アニオンがリンを攻撃してオキサホスフェタンを経由した後，リン酸エステル部分が脱離してそれぞれシス体，トランス体アルケンを与えるというものです．通常のホスホン酸エステル試薬でトランス体が主に得られるのは熱力学的に安定なトレオ付加体を経由して反応が起こるためと考えられていました．しかし，初めの付加中間体は反応条件やホスホン酸エステル試薬の構造によっては単離あるいは観測が可能であるものの，それ以降の反応がどのように起こるかは実験的には明らかにされていませんでした．

反応がどのように起こるのか，反応の選択性はどのように決まっているのかを知るには反応の遷移状態構造を知る必要があります

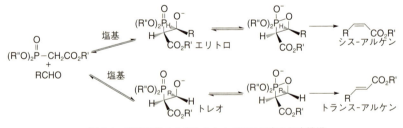

図4-1 実験結果から考えられたHWE反応の反応機構

[†] エリトロ(erythro)とトレオ(threo)はジアステレオマーを区別する時に用いられる接頭辞です．フィッシャー投影式を用いてジアステレオマーを表す時，同じ側に2つの同一あるいは同等の置換基をもてばエリトロ，2つの置換基を反対側にもてばトレオとよんでいます．この呼び方は糖類のエリトロースとトレオースに由来しています．

が，実験的に遷移状態構造を明らかにすることは不可能です．分子軌道計算は反応の遷移状態構造を知る有力な手段であり，HWE反応についても分子軌道計算を用いた反応機構の解析とシス-トランス選択性の解明が行われています[16]．モデルとしてジメチルホスノ酢酸メチルのリチウムエノラートとアセトアルデヒドを用いて行った計算結果を**図4-2**に示しました．反応はエノラートのアルデヒドへの付加（**TS1**）により**Int1**を与え，次に**Int1**の酸素アニオンがリンを攻撃して（**TS2**）オキサホスフェタン中間体**Int2**を形成します．このオキサホスフェタン中間体の異性化‡（**TS3**）により別のオキサホスフェタン中間体**Int3**を与えた後，P−C結合の開裂（**TS4**）が起こってエノラート**Int4**が生成し，最後にβ脱離（**TS5**）によりアルケンが生成するという反応機構です．ただし**Int4**からのβ脱離はほぼ自発的に起こるため**Int4**は中間体とは考えない方がよい

---

‡ 5つの原子と結合した5配位リン化合物は三方両錐形の立体配置を取っています．三方両錐形は三角錐をその底面に重ねて結合させた形で下図のような構造です．リンはその中心に位置し5つの結合原子は5つの頂点に位置します．三方両錐形では5つの頂点のうち三角錐の底面に存在する3つの点をエクアトリアル位とよび，その面に垂直方向に出ている2つの頂点をアピカル位とよんでいます．三方両錐構造をもつリン化合物はその配位子の位置を分子内で容易に交換することが知られ（位置異性化），疑似回転（シュードローテーション）機構が提案されています．疑似回転機構では2つのエクアトリアル原子がアピカル位へシフトし，同時に2つのアピカル原子がエクアトリアル位にシフトします．移動しないエクアトリアル原子とPの軸での回転のようにみえるのに回転ではないため疑似回転機構とよばれています．一般にアピカル位にある原子とリン原子の間の結合長はエクアトリアル位にある時と比べて長く，化学反応はアピカル位で起こることが知られています．本文で紹介した反応機構で説明すると**TS2**は酸素アニオンが4配位のリン化合物のP=O結合に付加する遷移状態で**Int2**（付加反応を起こしたOはアピカル位に位置）を生成します．その後**TS3**で位置異性化が起こり，Oがエクアトリアルに，Cがアピカルに位置する**Int3**を形成し，アピカルのP−C結合の開裂が起こってエノラート中間体**Int4**へ変換されます．

a：アピカル位
e：エクアトリアル位
三方両錐構造

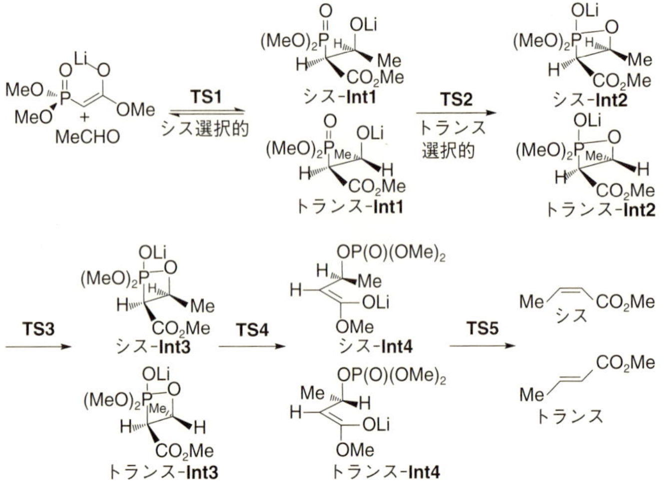

54   第4章 カルボニル化合物からアルケンの立体選択的合成

図4-2 アプイニシオ計算から得られた HWE 反応の反応機構

ようです.

　ホスホノ酢酸エステルのリチウムエノラートは**図4-3**の**TS1**に示すようにリチウムに対しキレート構造[†]を取っており，アルデヒドへの付加の遷移状態構造において，トランス–**TS1**はアルデヒドのR基とリンに結合したアルコキシ基R²Oの立体反発のためにシス–**TS1**と比べ不安定になります．このため，**TS1**はシス選択的となります．オキサホスフェタン形成の遷移状態**TS2**では，シス–**TS2**は4員環の同じ側に置換基RとCO₂R¹があり，反対側に置換基をもつトランス–**TS2**に比べ不安定になります．このため**TS2**はト

---

†　複数の配位座をもつ化合物による金属イオンへの配位をキレートとよびます．「蟹のハサミ」に由来する言葉です．

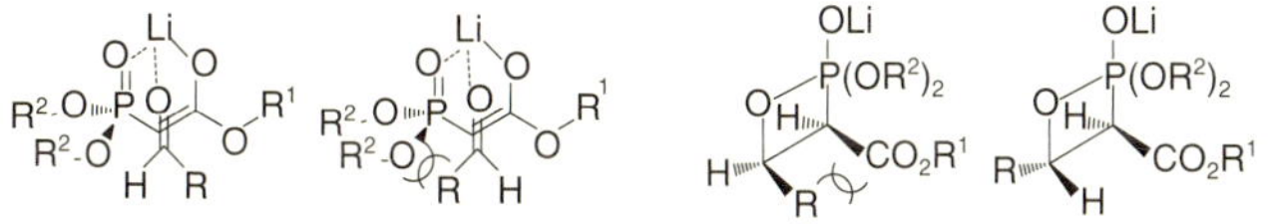

4.2 Horner–Wadsworth–Emmons（HWE）反応　　55

シス-**TS1**　　トランス-**TS1**　　シス-**TS2**　　トランス-**TS2**

図4-3　反応の遷移状態 TS1，TS2 の構造

ランス選択的となります．ホスホン酸エステルの R^2 が Me や Et な
どアルキル基では律速段階[‡]が **TS2** であるためにトランス-α,β-不
飽和エステルが選択的に得られます．4.2.3項で紹介する R^2 が
CF_3CH_2 や Ph など電子求引基の場合は反応条件を選べばシス-α,β-
不飽和エステルを選択的に得ることができます．この理由は R^2 が
電子求引基の時，①ホスホノ酢酸エステルから得られるアニオンが
安定となりアルデヒドへの求核攻撃が起こりにくくなり，さらに②
酸素アニオンのリンへの求核攻撃が起こりやすくなるためです．こ
のため **TS1** のエネルギーが上がり **TS2** のエネルギーは下がるので，
律速段階は **TS1** になり選択性が変化すると考えられます．

　溶媒の効果を調べると，THF のような溶媒は金属カチオンへの
配位により **TS1** よりは **TS2** のエネルギーを下げる効果が大きいこ
とがわかりました．十分な溶媒効果による安定化を受けた場合に
は，**TS1** と **TS2** のエネルギーの内エンタルピー項はほとんど差が
なくなり，エントロピー項だけがトランスに有利に働くことも明ら
かにされました．熱力学方程式 $G=H-TS$（G：ギブス自由エネ
ルギー，H：エンタルピー，T：温度，S：エントロピー）から，温
度を低くすれば TS の項が小さくなりシスとトランスのエネルギー

[‡]　化学反応がいくつかの段階を経て進む時，最も遅い反応段階のことを律速段階
　　といいます．この段階の反応速度で全体の反応速度が支配されるためです．

56   第4章　カルボニル化合物からアルケンの立体選択的合成

差は減少して，トランス選択性は低くなることが予想されます．実際，試薬 $(EtO)_2P(O)CH_2CO_2Et$ **5** といくつかの脂肪族アルデヒドとの反応を，THF中リチウム塩基を用い−78℃で行うことにより，0℃の場合よりトランス選択性が低下することがわかっています．トランス選択性を高めるには，トルエンのような極性の低い溶媒（金属カチオンに配位しない溶媒）中，0℃以上の比較的高温でリチウム塩基を用いればよいことが知られており，この結果も計算結果と一致しています．

4.2.2　反応条件や試薬の構造による立体選択性の制御

　正宗，Roushらは塩基に対して不安定なアルデヒドのHWE反応のために，弱い塩基であるアミンを用いる方法を開発しています[17]．塩化リチウム(LiCl)存在下アセトニトリル中ジイソプロピルエチルアミンまたは1,8-ジアザビシクロ [5.4.0]-7-ウンデセン(DBU)を用いれば，ラセミ化や分解などを受けやすいアルデヒドでも通常のHWE試薬 **5** と反応し，高い収率でかつ高いトランス選択性で α,β-不飽和エステルを与えます．リチウムカチオンはホスホノ酢酸エステルと **Scheme 4-18** に示すようにキレーション構造の錯体を形成し，そのためにホスホノ酢酸エステルの α 位プロトンの酸性度が上がりアミンのような弱い塩基でも脱プロトン化が可能になります．また，強塩基を用いないため，キレーション構造を

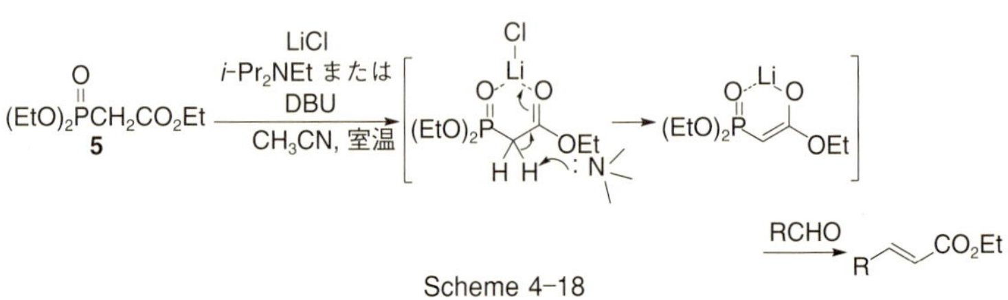

Scheme 4-18

取れないアルデヒドのα位での脱プロトン化はほとんど起こらず，強塩基に不安定なアルデヒドの分解やラセミ化が抑えられると考えられています．この方法は全合成研究などでしばしば利用され，有用な方法として認められています．また，この反応条件に限らずリチウムカチオンはオレフィン化反応で熱力学的に安定なトランス体を高選択的に与える傾向が高いことが知られています．特に，トルエンなど極性の低い溶媒中で n-BuLi などの塩基を用いるか，水中で水酸化リチウム(LiOH)を用いると通常より高いトランス選択性が得られることも報告されています．

最近，グリーンケミストリーの観点から無溶媒反応（溶媒を用いないで行う反応）が注目されていますが，溶媒を用いないことによる反応性の向上や，選択性の変化も期待されるため数多くの研究が行われています．HWE 反応についてもいくつかの無溶媒反応が報告されています．たとえば，試薬 **5** を用いるアルデヒドの HWE 反応では通常 95：5 程度のトランス選択性が得られますが，触媒量の DBU と K_2CO_3 だけを用いる無溶媒反応では，ほとんどのアルデヒドから 99％ 以上のトランス選択性が得られ，収率も 89〜99％

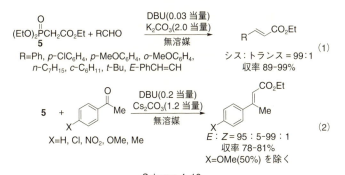

Scheme 4-19

58　第4章　カルボニル化合物からアルケンの立体選択的合成

と非常に高いものでした（**Scheme 4-19**(1)）[18]．また，HWE 反応は通常ケトンでは起こりにくいのですが，無溶媒反応で触媒量のDBU と炭酸セシウム（Cs_2CO_3）を塩基として用いると種々のケトンとも反応し，特にアセトフェノン誘導体では 95：5 以上の高い E 選択性が得られています(2)．

　ホスホノ酢酸エステルの α 位にアルキル基が付いている場合，α 位分岐アルデヒドとの反応を低温で行えば Z 体が主生成物となることがあります．たとえば 2-フェニルプロピオンアルデヒドと種々の α-メチルホスホノ酢酸エステルとの HWE 反応を THF 中 t-BuOK を用い $-78℃$ で行うと，ジ i-プロピルホスホノ酢酸 i-プロピルでは $E：Z=95：5$ であるのに対し，エステル部分をエチル基に換えた試薬では 90：10 となり，ホスホン酸エステル部分もエチル基に換えた試薬では 40：60 と Z 体が優先して生成します（**Scheme 4-20**）．さらにジメチルホスホン酸試薬では 10：90 と Z 体が選択的に得られ，エステル部分もエチル基からメチル基に換えると 5：95 と Z 選択性はさらに向上します[19]．試薬のリン酸エステル部分およびエステル部分のアルキル基の大きさを小さくすることにより，選択性を E から Z に変えることができたことになります．しかし，選択性はアルデヒドの種類にも大きく左右され，一般

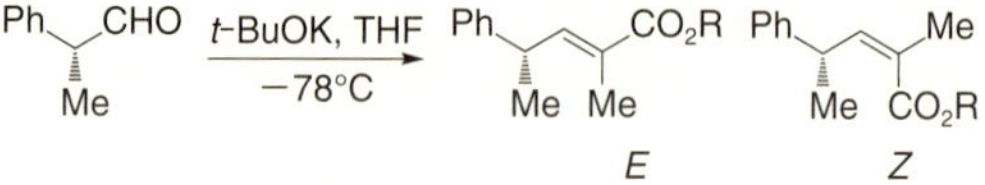

		E		Z
$(i\text{-PrO})_2P(O)CHMeCO_2i\text{-Pr}$		95	:	5
$(i\text{-PrO})_2P(O)CHMeCO_2Et$		90	:	10
$(EtO)_2P(O)CHMeCO_2Et$		40	:	60
$(MeO)_2P(O)CHMeCO_2Et$		10	:	90
$(MeO)_2P(O)CHMeCO_2Me$		5	:	95

Scheme 4-20

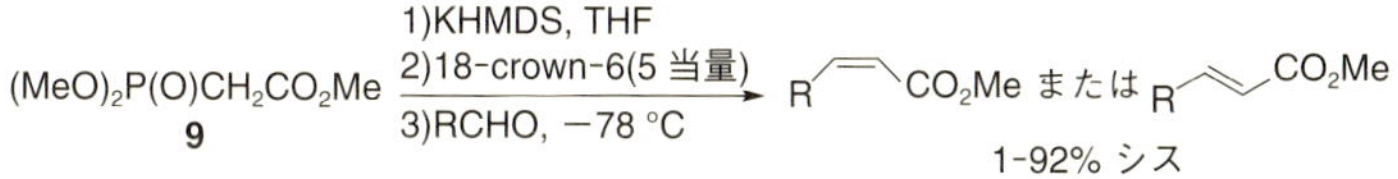

4.2 Horner–Wadsworth–Emmons（HWE）反応　　59

$(MeO)_2P(O)CH_2CO_2Me$
9

1)KHMDS, THF
2)18-crown-6(5 当量)
3)RCHO, −78 °C

R⌇⌇CO_2Me または R⌇⌇CO_2Me
1-92% シス

Scheme 4-21

性のある方法とまではいえないようです.

　THF 中 5 当量の 18-crown-6 存在下 KHMDS を用いると, 試薬 **9** と飽和脂肪族アルデヒドとの反応ではシス-α,β-不飽和エステルが得られます（**Scheme 4-21**）[20]. カリウム塩基と 18-crown-6 を用いるとカリウムカチオン（K^+）が 18-crown-6 に取り込まれてアニオンの求核性が高くなることが知られており, 図 4-2 に示した反応機構の **Int1** の酸素アニオンからリン原子への求核攻撃（**TS2**）のエネルギーが低くなり, 律速段階が **TS1** になった結果と考えられます. なお, この方法でも芳香族アルデヒドや α,β-不飽和アルデヒドとの反応では高い選択性でトランス-アルケンが得られており, 脂肪族アルデヒドについても必ずしも一般性のある方法ではないようです.

　ホスホン酸エステルの α 炭素に結合している電子求引基がエステル基でなくニトリル基の場合は一般にトランス選択性が低く, 特に α 位にアルキル置換基が結合していると Z-アルケンが主に得られる場合があります. また, α 位に酸素官能基をもつアルデヒドとの HWE 反応では反応条件を調整することによりシス-α,β-不飽和エステルが主に得られるという結果もいくつか報告されています[15)21)].

4.2.3　シス選択的 HWE 試薬[21)]

　Still, Gennari は電子求引性のトリフルオロエチル基をもつ HWE 試薬, ビストリフルオロエチルホスホノ酢酸メチル **10** を開発しま

60　第4章　カルボニル化合物からアルケンの立体選択的合成

した[20]．この試薬は THF 中 5 当量の 18-crown-6 と KHMDS を用いて −78℃ で種々のアルデヒドとの反応を行うと，シス-α,β-不飽和エステルを 80〜99 % の選択性で与えます（**Scheme 4-22**）．図 4-2 の反応機構で述べたように電子求引基であるトリフルオロエチル基をもつリン酸エステル試薬を用いることにより **TS2** のエネルギーを下げて反応を起こりやすくし，律速段階が **TS1** になることによりシス選択性になったと考えられます．試薬 **10** の α 位にメチル基のついた試薬 **11** ではさらに高い 97〜99% の Z 選択性が得られています(1)．

　試薬 **10** の合成は市販の HWE 試薬であるジメチルホスホノ酢酸メチル **9** を 2 当量の 5 塩化リン(PCl$_5$)と反応させてジクロロホスホノ酢酸メチルに変換し，蒸留後ベンゼン中 2 当量のトリフルオロエタノール(CF$_3$CH$_2$OH)とジイソプロピルエチルアミン（i-Pr$_2$NEt，Hünig's base ともよばれる）存在下に反応させて得られます(2)．**11** の合成も同様に行うことができます．一般に高いシス選択性が得られますが，アルデヒドに存在する官能基や立体的な要因などにより時には選択性の低い場合もあります．Still らはメチルエステルのみ報告していますが，エチル，イソプロピル，アリル，ベン

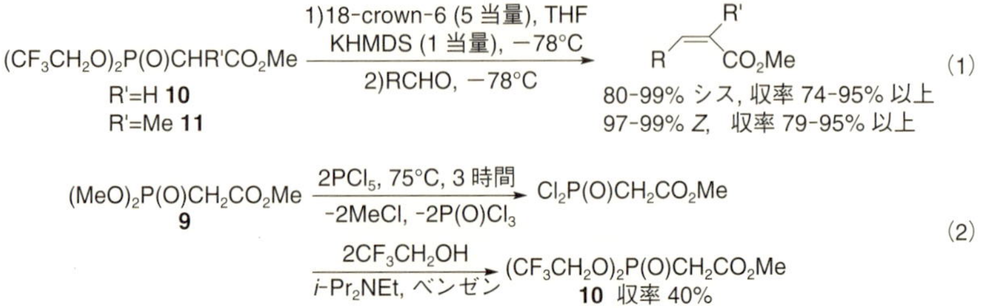

(CF$_3$CH$_2$O)$_2$P(O)CHR'CO$_2$Me　$\xrightarrow[\text{2)RCHO, }-78℃]{\substack{\text{1)18-crown-6 (5 当量), THF}\\\text{KHMDS (1 当量), }-78℃}}$

R'=H **10**
R'=Me **11**

80-99% シス，収率 74-95% 以上
97-99% Z，収率 79-95% 以上　　(1)

(MeO)$_2$P(O)CH$_2$CO$_2$Me　$\xrightarrow[\text{−2MeCl, −2P(O)Cl}_3]{\text{2PCl}_5\text{, 75℃, 3 時間}}$　Cl$_2$P(O)CH$_2$CO$_2$Me
9

　$\xrightarrow[\text{$i$-Pr}_2\text{NEt, ベンゼン}]{\text{2CF}_3\text{CH}_2\text{OH}}$　(CF$_3$CH$_2$O)$_2$P(O)CH$_2$CO$_2$Me
10 収率 40%

(2)

Scheme 4-22

ジルエステルの報告例もあり，電子求引基としてエステル以外にメチルケトン，アミド，ニトリル，スルホキシド，α,β-不飽和ニトリル，α,β-不飽和エステルをもつ試薬も開発され，いずれも対応するシス-アルケンを与えています．

以上のように Still-Gennari 試薬はシス選択的 HWE 試薬として確固たる地位を築いていますが，反応条件としては高価で吸湿性の高い薬品である 18-crown-6 を 5 当量も用いる必要があり，かつ用いる塩基 KHMDS はわずかな水分により容易に加水分解されるため，反応は厳密な無水条件下で行わなければなりません．実用的なシス選択的 HWE 試薬としてジフェニルホスホノ酢酸エチル **12 a**（Ando 試薬）が開発されています（**Scheme 4-23**）[22]．Still らは電子求引性のアルコールであるトリフルオロエタノールを用いて試薬を合成していますが，Ando 試薬 **12 a** ではフェノールが用いられています．電子求引基をもつアルコールの pK_a 値は小さいことから pK_a 値の小さいアルコールということで安価なフェノールが選ばれました．**12 a** は種々のタイプのアルデヒドと THF 中 NaH や Triton（トリトン）B（ベンジルトリメチルアンモニウムヒドロキシド($PhCH_2NMe_3^+OH^-$)の 40% メタノール溶液）などの安価で取り扱いやすい塩基を用いるだけで 89～97% の選択性でシス-α,β-不飽和エステルを与え，収率もほぼ定量的です（Scheme 4-23）．脂肪族アルデヒドとの反応ではナトリウム塩基が，芳香族アルデヒドや α,β-不飽和アルデヒドでは TritonB や t-BuOK が高い選択性を与えます．

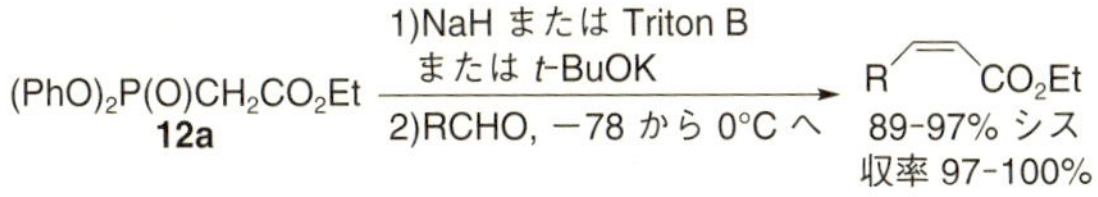

$(PhO)_2P(O)CH_2CO_2Et$
12a

1)NaH または Triton B
または t-BuOK
―――――――→
2)RCHO，−78 から 0°C へ

R⌒CO₂Et
89-97% シス
収率 97-100%

Scheme 4-23

反応は芳香族アルデヒドでは−78℃，1時間程度で完結しますが，脂肪族アルデヒドとの反応は遅く−78℃でアルデヒドを加えた後，1～2時間で0℃まで昇温する方法で行います．

用いる塩基のTritonBはメタノール溶液であることからもわかる通り，少量の水が入っていても反応には全く問題がないために高い収率が得られたと考えられます．なお，NaHなどの強塩基で問題がある場合にはNaI（ヨウ化ナトリウム）–DBUを用いると選択性，収率ともに改善されることがあります[23]．これは4.2.2項で紹介し

コラム 4

生理活性アルケンの幾何異性は生体に厳密に認識される

トランス桂皮酸は様々な植物二次代謝産物の生合成中間体で植物に普遍的に存在します．一方，その幾何異性体であるシス桂皮酸 **1** は，植物にとって「毒」となります．ユキヤナギから単離されたアレロケミカル（植物他感作用物質）であるシス桂皮酸は植物根に対する強い生長抑制作用を示します．トランス桂皮酸はPerkin反応のような古典的なオレフィン化反応で簡単に合成できますが，シス体はAndo試薬 **2** により合成されています[1]．

タモキシフェン **7** は四置換 Z-アルケン構造をもつ抗がん剤で，E 体には抗がん効果がありません．四置換アルケンの立体選択的合成は難しいのですが，イノラートによるアシルゲルマンのオレフィン化を利用して選択的に合成する方法が報告されています．イノラート **3** とアシルゲルマン **4** を反応させると Z

4.2 Horner–Wadsworth–Emmons（HWE）反応 　*63*

た正宗–Roush 法の LiCl を NaI に代えた塩基です.

　試薬の合成は **Scheme 4-24** に示す通りです. 入手容易な **5** を原料とし Still らと同様に五塩化リン（PCl_5）と反応させてジクロロホスホノ酢酸エチル（$Cl_2P(O)CH_2CO_2Et$）を得た後, フェノールと反応させると **12 a** が 60 % の収率で得られます(1). 種々の置換フェノールを用いると色々なアリール基をもつ（$ArO)_2P(O)CH_2CO_2Et$ 試薬を合成することができますが, 副生成物も多いため試薬の精製に労力を要します. 別法として亜リン酸トリフェニル（$(PhO)_3P$）とヨウ

選択的に四置換アルケン **5** が得られ, 引き続き数工程でタモキシフェンの合成が達成されています. このオレフィン化法は四置換アルケンの構築に威力を発揮する新しい方法です[2].

1) a) Ando, K.（1997）*J. Org. Chem.* **62**, 1934.

　b) Abe, M.; Nishikawa, K.; Fukuda, H.; Nakanishi, K.; Tazawa, Y.; Taniguchi, T.; Park, S.; Hiradate, S.; Fujii, Y.; Okuda, K.; Shindo, M.（2012）*Phytochemistry*, **84**, 56.

2) Matsumoto, K.; Shindo, M.（2012）*Adv. Synth. Catal.*, **354**, 642.

（九州大学先導物質化学研究所　新藤　充）

64　第4章　カルボニル化合物からアルケンの立体選択的合成

化メチル(MeI)との反応の後，エタノール(EtOH)を加えてメチルホスホン酸ジフェニルを得た後，ClCO$_2$R存在下LiHMDSと反応させると **12 a** が89%の収率で得られます(2)．メチルエステルやイソプロピルエステルなども得ることができ精製も容易になります．亜リン酸ジフェニル(PhO$_2$P(O)H)とブロモアセテート(BrCH$_2$CO$_2$R)をトリエチルアミン(Et$_3$N)存在下で反応させても **12 a** を得ることができます(3)．収率は53%ですが，反応は室温1時間で終了し精製も容易です．t-Buエステル試薬は77%の収率で得られています[24]．

　フェノールの代わりに置換フェノールを用いると，立体電子的に試薬の選択性や安定性の調節も期待できます．p-置換フェニル試薬では選択性はほとんど変化しませんが，o-MeC$_6$H$_4$試薬 **12 b**，o-i-PrC$_6$H$_4$試薬 **12 c** では **12 a** より高い93〜99%のシス選択性が得られます（**Scheme 4-25** の(1)）[22]．電子求引基をもつo-ClC$_6$H$_4$試薬でも **12 b** とほぼ同等の選択性が得られていますが，試薬の安定性が低下してしまうため，アルキル基がオルト位に結合した試薬の方が実用的であると思われます．Ar=o-t-BuC$_6$H$_4$の試薬 **12 d** がTouchardにより報告されました(2)[25]．この試薬はHWE反応を0℃

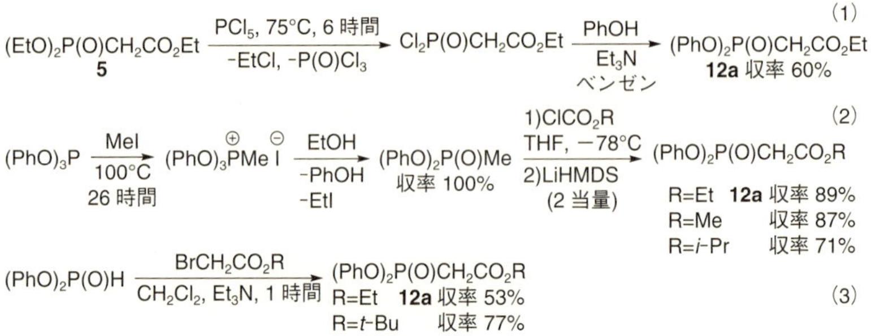

(1)

$$(EtO)_2P(O)CH_2CO_2Et \xrightarrow[\text{-EtCl, -P(O)Cl}_3]{PCl_5, 75℃, 6時間} Cl_2P(O)CH_2CO_2Et \xrightarrow[\substack{Et_3N \\ ベンゼン}]{PhOH} (PhO)_2P(O)CH_2CO_2Et$$

5　　　　　　　　　　　　　　　　　　　　　　　　　　　　　　　　　　　　**12a** 収率60%

(2)

$$(PhO)_3P \xrightarrow[\substack{100℃ \\ 26時間}]{MeI} (PhO)_3\overset{\oplus}{P}Me \ \overset{\ominus}{I} \xrightarrow[\substack{\text{-PhOH} \\ \text{-EtI}}]{EtOH} (PhO)_2P(O)Me \xrightarrow[\substack{\text{2)LiHMDS} \\ (2当量)}]{\substack{\text{1)ClCO}_2R \\ THF, -78℃}} (PhO)_2P(O)CH_2CO_2R$$

　　　　　　　　　　　　　　　　　　　収率100%　　　　　　　　　　R=Et　**12a** 収率89%
　　　　　　　　　　　　　　　　　　　　　　　　　　　　　　　　　　R=Me　　　収率87%
　　　　　　　　　　　　　　　　　　　　　　　　　　　　　　　　　　R=i-Pr　 収率71%

(3)

$$(PhO)_2P(O)H \xrightarrow[\text{CH}_2\text{Cl}_2, Et_3N, 1時間]{BrCH_2CO_2R} (PhO)_2P(O)CH_2CO_2R$$

　　　　　　　　　　　　　　　　　　　R=Et　**12a** 収率53%
　　　　　　　　　　　　　　　　　　　R=t-Bu　　収率77%

Scheme 4-24

で行っても選択性の低下が少なく，試薬の安定性が高いことも特徴です．*n*-オクタナールとの反応を NaI とテトラメチルグアニジン(TMG)を塩基として用い，−78℃ で行うと反応は遅いものの 98% のシス選択性となり，0℃ でも 92% のシス選択性が得られています．

分子内にホスホノ酢酸エステル部分とアルデヒド基を併せもつ基質を塩基処理して反応させると分子内でオレフィン化がおこり環状化合物が得られます (**Scheme 4-26**)[26]．この反応は分子間反応と競争するため，分子内反応を優先的に起こすためには分子同士の出会う確率を減らす必要があります．塩基を含む溶液にシリンジポンプを使って基質をゆっくり滴下する方法では大量の溶媒を用

Scheme 4-25

R=*o*-*t*-BuC$_6$H$_4$	NaH, THF, 0°C, 10 時間	96 : 4	収率 71%
R=*o*-*t*-BuC$_6$H$_4$	NaI-DBU, THF, 室温, 10 時間	94 : 6	収率 77%
R=Et	LiCl-DBU, MeCN, 室温, 10 時間	2 : 98	収率 82%

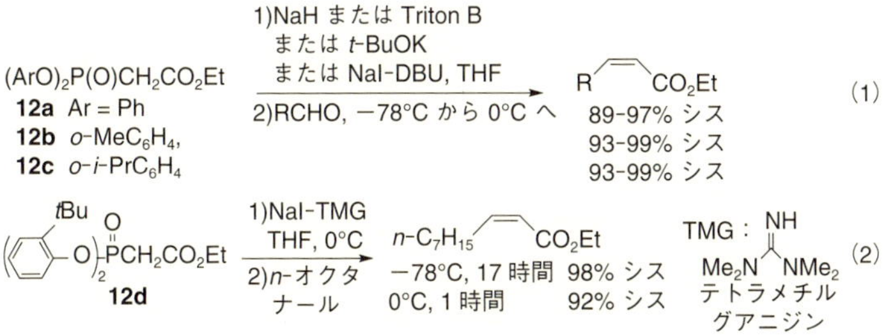

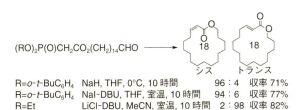

Scheme 4-26

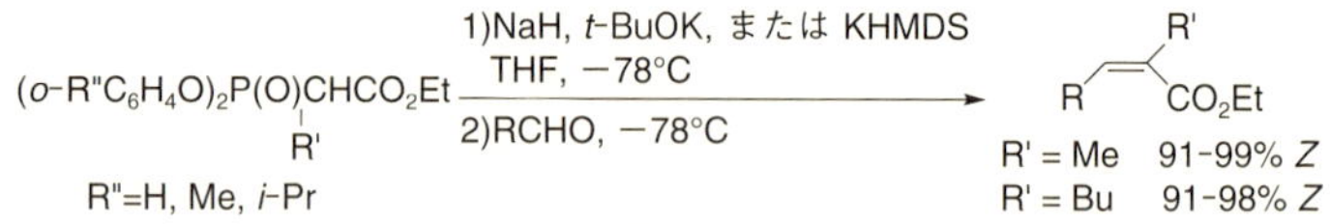

66 第4章 カルボニル化合物からアルケンの立体選択的合成

$(o\text{-}R''C_6H_4O)_2P(O)CHCO_2Et$ — R' / R''=H, Me, i-Pr

1)NaH, t-BuOK, または KHMDS
THF, −78°C
2)RCHO, −78°C

→ $R\text{-}C=C(R')CO_2Et$

R' = Me 91-99% Z
R' = Bu 91-98% Z

Scheme 4-27

いないでも希薄な溶液を作ることができます．この方法により，R＝o-t-BuC$_6$H$_4$ の試薬から NaH を塩基として 96：4 のシス選択性が，NaI-DBU を塩基として 94：6 のシス選択性が得られています．エチル試薬を LiCl-DBU で反応させると 2：98 のトランス選択性となることから，この選択性は環の大きさではなく試薬の構造により制御されていることがわかります．この方法により 12-18 員環 α,β-不飽和ラクトンの高立体選択的な作り分けわけが行われています．

ホスホノ酢酸エステルの α 位にアルキル基をもつ試薬も開発され，種々のアルデヒドとの反応で高 Z 選択的に三置換アルケンを与えています[27]．**Scheme 4-27** に示すように，α-メチル試薬でも α-ブチル試薬でも高い選択性で三置換アルケンが得られます．

4.2.4 ニトリル試薬

ニトリル試薬はエステル試薬と同様に Arbuzov 反応で合成することができます．ニトリル基は直線形で立体的に小さいためジメチルホスホノアセトニトリル（$(MeO)_2P(O)CH_2CN$）ではアルデヒドとの反応でトランス-アルケンが一般に低い立体選択性で得られてきます．**Scheme 4-28** に示す通り α 位に置換基があると Z 体が生成しやすくなります(1)．メチル基の方がニトリル基より嵩高いため Z 体が熱力学的により安定になるためと考えられます．α 位の置換基がメチル基よりも嵩高いイソプロピル基だと，アルデヒドにもよりますが，96：4 の高い Z 選択性が得られた例もあります(2)．

4.2 Horner–Wadsworth–Emmons（HWE）反応　*67*

　ホスホン酸エステル部分の構造によっても選択性は変えられます．α位に置換基のない（EtO)$_2$P(O)CH$_2$CN では β–イオノンとの反応で 67：33 の低い *E* 選択性が報告されていますが，エステル部分を嵩高いイソプロピルにすると選択性は 82：18 に向上しています（**Scheme 4-29**）．

　無置換ニトリル試薬でシス選択性を目指した試薬 **13 a** が Zhang らにより報告されました（**Scheme 4-30**)[28]．**13 a** は 4.2.3 項で紹介した Ando 試薬の誘導体です．彼らは，アルデヒドの α 位が第三級炭素の場合に限り高いシス選択性が得られることを見出しています．後になり，より汎用性の高いシス–α,β–不飽和ニトリル合成試薬として *o*–*t*–BuC$_6$H$_4$ 基をもつ試薬 **13 b** が安藤らにより開発されました[29]．**13 b** は芳香族アルデヒドとの反応では 1 当量の 18-crown-6 存在下 THF 中 *t*–BuOK を用いると高い選択性でシス–α,β–

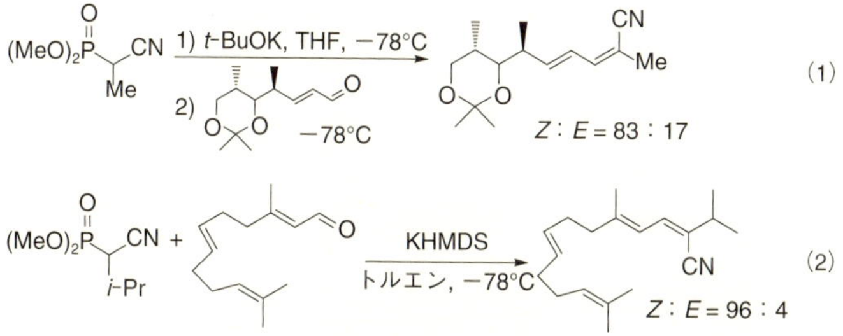

Scheme 4-28

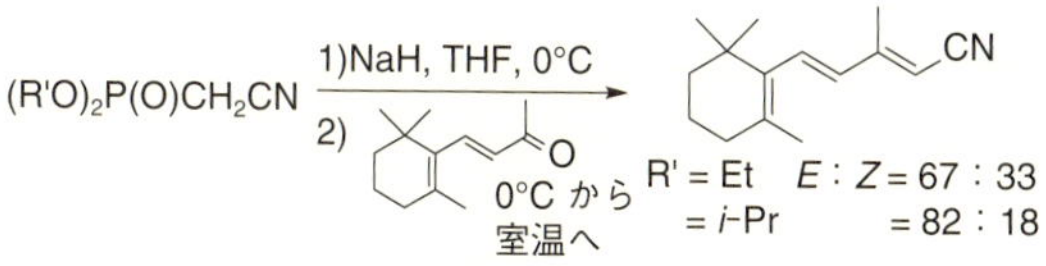

Scheme 4-29

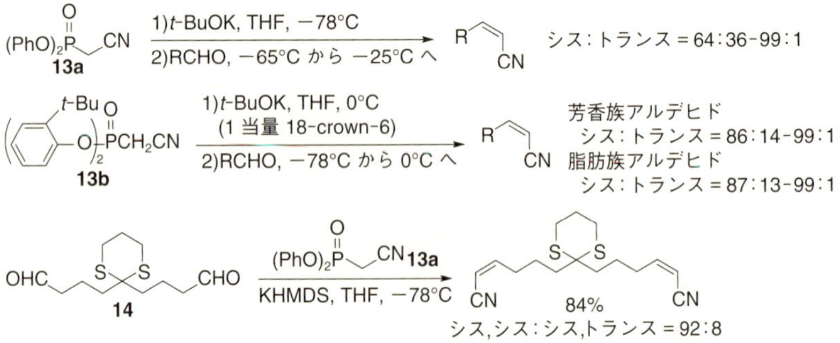

68　第4章　カルボニル化合物からアルケンの立体選択的合成

Scheme 4-30

不飽和ニトリルを与えます．脂肪族アルデヒドとの反応では 18-crown-6 は必要でなく，87〜99% 以上のシス選択性が得られています．Zhang らの報告と同じで，アルデヒドの α 位が三級の場合には特に高い選択性となっています．**13 a** はスピロ環をもつアルカロイド，perhydrohistrionicotoxin（ペルヒドロヒストリオニコトキシン）の合成に利用されています．シス-α,β-不飽和ニトリルの合成にはトリメチルシリルアセトニトリル(Me₃SiCH₂CN)を用いる山本らの Peterson 反応を用いる方法もよく利用されますが[30]，ジアルデヒド **14** の反応で山本法を用いるとシス,シス：シス,トランス ＝12：1 の高いシス選択性が得られたものの再現性がなく HWE 反応は再現性があったと報告されています[31]．

4.2.5　アミド試薬

　ジアルキルホスホノアセトアミドのアルデヒドとの反応ではトランス-α,β-不飽和アミドが得られます．**Scheme 4-31**(1)には合成反応でよく用いられる Weinreb アミド[†]をもつ HWE 試薬の反応例を挙げていますが，高いトランス選択性でアルケンが得られ，水

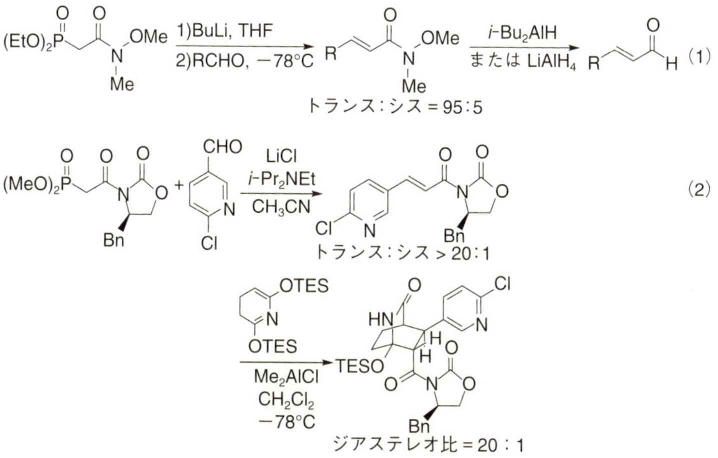

4.2 Horner–Wadsworth–Emmons（HWE）反応　　*69*

Scheme 4-31

素化ジイソブチルアルミニウム（i-Bu$_2$AlH）や水素化アルミニウム
リチウム（LiAlH$_4$）で還元するとトランス-α,β-不飽和アルデヒドが
良好な収率で得られます．還元剤の代わりに Grignard 反応剤や有
機リチウム反応剤を用いると対応するケトンが得られます．(2)の
例は Evans らが開発したキラル HWE 試薬の反応です[32]．アミド部

---

†　Weinreb アミドは N,O-ジメチルヒドロキシルアミンのアミドで，S. M. Weinreb
らにより開発されました．アミドに求核剤を作用させて生成する付加体が次式に
示すようなキレート構造により安定化されるために，これを加水分解してアルデ
ヒドやケトンに変換することが容易です．付加体が安定化されないと付加体から
脱離などが起こり系中でアルデヒドやケトンが生成すると R'M とのさらなる反応
が起こります．モルフォリンアミドも Weinreb アミドと同様な目的で利用されて
います．

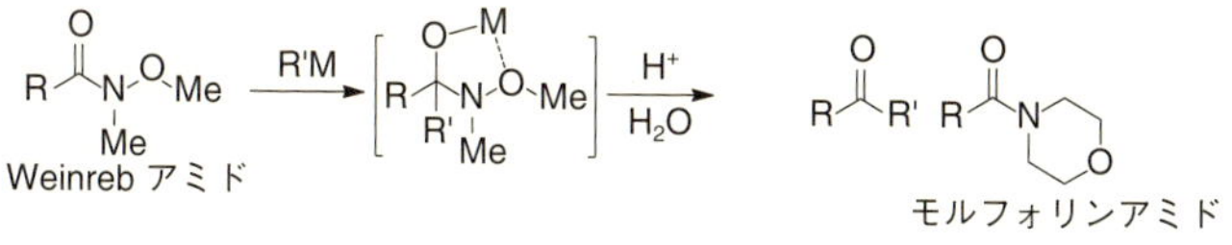

分に不斉炭素をもつ HWE 試薬からキラル-トランス-α,β-不飽和ア
ミドを得た後，Lewis 酸触媒(Me_2AlCl)を用いて不斉ヘテロ Diels–
Alder 反応を行い，アミド不斉炭素から六員環炭素骨格の不斉合成
に利用しています．高いトランス選択性と高い exo およびジアス
テレオ選択性が得られています．

シス選択的アミド試薬も開発されています（**Scheme 4-32**）．
ジフェニルホスホノアセトアミド **15 a** と種々のアルデヒドとの反
応では，アミド部分が N-ジメチルアミド（NMe_2）や N-フェニル
アミド（NHPh）では中程度から高いシス選択性が得られますが，

コラム 5

赤潮毒ギムノシン-A の全合成[1)]

　赤潮は渦鞭毛藻などの植物プランクトンの異常発生によって起こり，水産漁
業に大きな被害をもたらすだけでなく，渦鞭毛藻の有毒種は神経毒性や細胞毒
性を示す毒素を生産し，ときには魚貝類の毒化や食中毒を引き起こします．ギ
ムノシン-A は，和歌山県串本湾で発生した有毒渦鞭毛藻 *Karenia mikimotoi* か
ら単離された細胞毒性を示すポリ環状エーテルで，エーテル環の縮環数は 14
に上り，これまでに発見されたものの中では第 3 位の長さです．その全合成の
終盤では，アルデヒド **1** とジエチルトリルメチルホスホネートの HWE 反応に
よってトランス-ビニルスルホン **2** を合成しました．これをエポキシスルホン
に変換後，ABC フラグメントと連結して 14 環性のアルデヒド **3** を誘導しまし
た．最後に，Wittig 反応によって立体選択的に E-共役アルデヒドを導入して，
全合成を達成しました．巨大分子の合成でもアルケンの立体選択的合成が鍵と
なっています．

1) Sakai, T.; Matsushita, S.; Arakawa, S.; Mori, K.; Tanimoto, M.; Tokumasu, A.;
　 Yoshida, T.; Mori, M.（2015）*J. Am. Chem. Soc.*, **137**, 14513–14516.

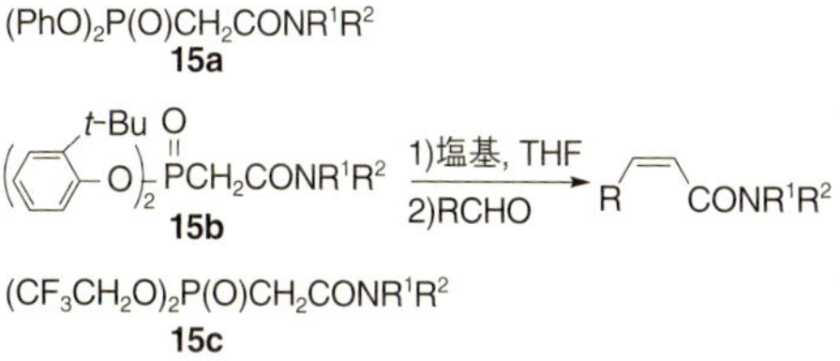

4.2 Horner–Wadsworth–Emmons（HWE）反応　*71*

$(PhO)_2P(O)CH_2CONR^1R^2$
15a

$t\text{-Bu}$ $\left(\!\!\left(\begin{array}{c}\\O\end{array}\right)_2\!\!\right)\!\!-\!\overset{O}{\underset{}{P}}CH_2CONR^1R^2$
15b

$(CF_3CH_2O)_2P(O)CH_2CONR^1R^2$
15c

1)塩基, THF
2)RCHO

$R\diagup\!\!\!\diagdown CONR^1R^2$

	15a	**15b**	**15c**
NR^1R^2	シス	シス	シス
NMe_2	75-98%	93-99%	
$NHPh$	85-94%		
$N(OMe)Me$	75-79%	89-98%	43-97%

Scheme 4-32

Weinreb アミド（N(OMe)Me）では低い選択性となります[33]．アミド試薬でもフェニル基を $o\text{-}t\text{-BuC}_6H_4$ 基に変えた **15b** を用いるとシ

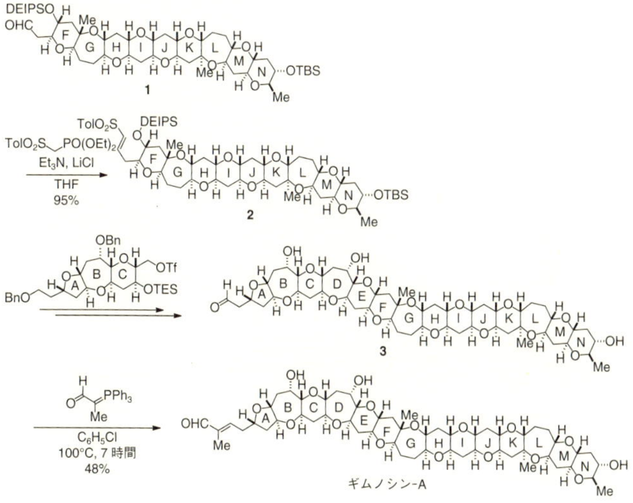

ギムノシン-A

（名城大学薬学部　森　裕二）

ス選択性が改善され，高い選択性，高収率でシス-α,β-不飽和アミドが得られています[34]．その後 4.2.3 項で紹介した Still-Gennari 試薬の Weinreb アミド **15 c** も開発されていますが，選択性は芳香族アルデヒドとの反応では高いものの，脂肪族アルデヒドでは中程度以下の選択性となっています[35]．

4.2.6 スルホン試薬

α 位にスルホン基をもつ HWE 試薬も合成され，アルデヒドとの反応でトランス-α,β-不飽和スルホンが非常に高い選択性で得られることがわかっています（**Scheme 4-33** の(1)）．スルホン酸エチル試薬も同様に高いトランス選択性でアルケンを与え，生理活性物質の合成にも利用されています．(2)では α-アミノ酸から得られるアルデヒドとの反応でトランス-α,β-不飽和スルホン酸エチルを得た後，種々の誘導体に変換され，その中から医薬品としての開発が期待されるシステインプロテアーゼ阻害剤である **16** が見出されま

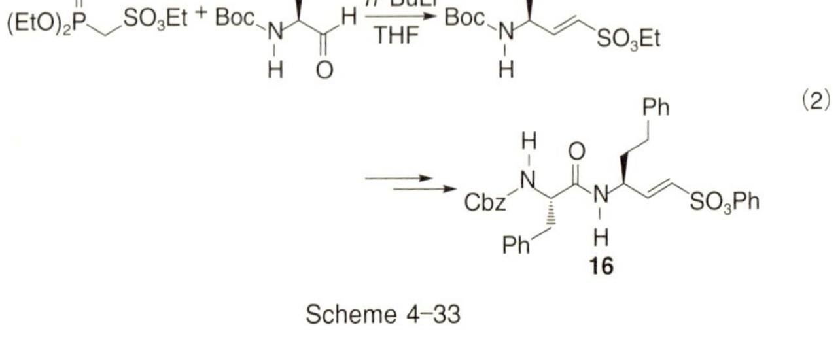

Scheme 4-33

した[36]．

　スルホンやスルホン酸エステルはホスホン酸エステル部分と立体的には同等な大きさであるため，高いシス選択性を示す試薬は開発されていません．図 4-3 に示した **TS1** 遷移状態構造ではアルデヒドはホスホン酸エステル部分との反発を避けるためにシス–**TS1** が有利ですが，エステルをスルホンやスルホン酸エステルに換えると **TS1** の選択性がほぼ 1：1 になると予想され，シス–α,β–不飽和スルホンやスルホン酸エステルを HWE 反応で選択的に得ることは困難と考えられます．これらシス体の合成は次に紹介する Peterson 反応を用いると可能になります．

4.3　Peterson 反応

　α 位にシリル基をもつカルボアニオンがケトンまたはアルデヒドと反応すると β–ヒドロキシシランを生じ，それを酸または水素化カリウム（KH）などの塩基条件で処理するとシラノールが脱離してアルケンを与えます．この反応を Peterson 反応とよんでいます[37]．シラノールの脱離反応は立体特異的で，**Scheme 4-34** に示すように酸性条件ではアンチ脱離，塩基性条件ではシン脱離となり，得られるアルケンの立体化学が逆転します．副生成物であるシ

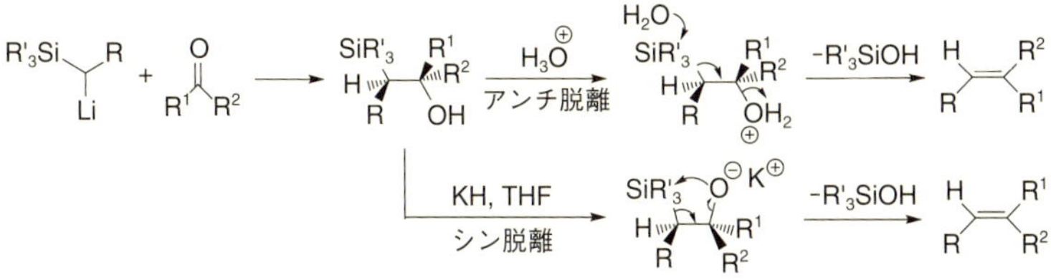

Scheme 4-34

74 第4章 カルボニル化合物からアルケンの立体選択的合成

ラノールは通常2分子間で容易に脱水縮合してシロキサン(R_3Si-O-SiR_3)に代わるため,シラノールの単離は難しいですが,アルケン生成物からの分離は容易です.

α-シリルカルボアニオンのカルボニル基への付加で得られるβ-ヒドロキシシランは通常ジアステレオマーの混合物として得られますが,ジアステレオマーを分離し,一方を酸で処理し,もう一方をKHなど塩基で処理すれば同じ立体化学のアルケンを合成することができます.**Scheme 4-35** ではシス体が得られていますが,脱離反応にこの逆の組み合わせを用いればトランス-アルケンを得ることもできます.

α-シリルカルボアニオンの調製法としては,有機リチウム反応剤(RLi)または Grignard 反応剤(RMgX)など有機金属化合物のビニルシランへの付加(1)や,Si(ケイ素)のα位プロトンの引き抜き(2),または金属-ハロゲン交換反応(3)などが用いられます(**Scheme 4-36**).プロトンの引き抜き(2)では置換基RがHやアルキル基などの場合にはn-BuLi,s-BuLi,t-BuLi などの強塩基をテトラメチルエチレンジアミン(TMEDA)など活性化試薬の存在下で用いる必要があります.このため,分子の中にこれらの強塩基と反応してしまうような官能基があれば,この方法を用いることができません.Rが電子求引基の場合は LDA や t-BuOK なども利用できます.金属-ハロゲン交換反応は容易に起こり,クロロメチルト

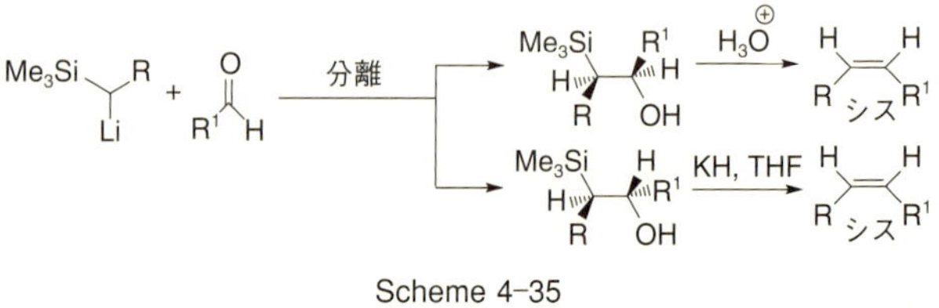

Scheme 4-35

リメチルシラン（Me$_3$SiCH$_2$Cl）などは市販されているためα-シリル
メチルアニオンの合成にはよく用いられます.

Si は電気陰性度の小さい元素です. 電気陰性度は分子内の原子
が電子を引き付ける相対的な尺度であり，Pauling が決めた尺度で
は C は 2.6, Si は 1.9, O は 3.4 であり，数字が大きいほど電子を
引き付けやすい元素であることを示しています. このためケイ素原
子はα位カルボアニオンを不安定化するように思えますが，実際
は安定化する効果（α効果）をもっています. このため有機金属化
合物のビニルシランへの付加反応は比較的容易に起こりα-シリル
カルバアニオンが生成します. さらに Si のα位脱プロトン化反応
も強塩基を用いれば可能です. このα位アニオンを安定化する機
構については理論計算を含め多くの研究が行われ，カルボアニオン
の non-bonding 軌道（非結合性軌道）と Si-C σ^*軌道との負の超共
役によるといわれています（**図 4-4**）. また，カルボアニオンの p
軌道と Si の d 軌道との共役の可能性も提唱されています.

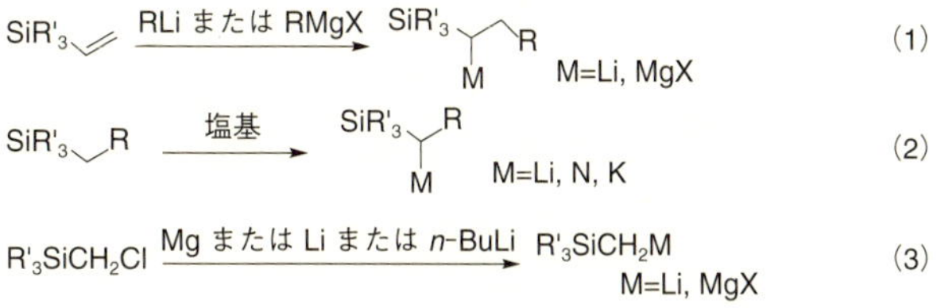

$$SiR'_3\diagup \quad \xrightarrow{\text{RLi または RMgX}} \quad SiR'_3\diagup_M\diagdown R \qquad M=Li, MgX \qquad (1)$$

$$SiR'_3\diagup R \quad \xrightarrow{\text{塩基}} \quad SiR'_3\diagup_M\diagdown R \qquad M=Li, N, K \qquad (2)$$

$$R'_3SiCH_2Cl \quad \xrightarrow{\text{Mg または Li または } n\text{-BuLi}} \quad R'_3SiCH_2M \qquad M=Li, MgX \qquad (3)$$

Scheme 4-36

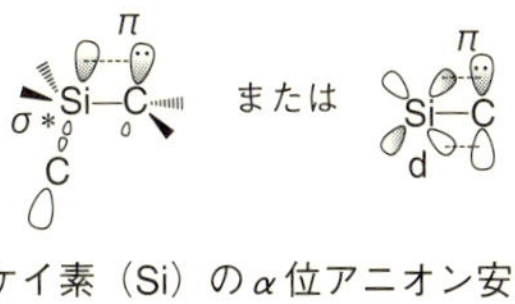

図 4-4　ケイ素（Si）のα位アニオン安定化効果

76   第4章　カルボニル化合物からアルケンの立体選択的合成

4.3.1　α–シリルケトンを用いるアルケンの立体選択的合成

　Peterson 反応を用いてアルケンを立体選択的に合成するにはβ–ヒドロキシシランのジアステレオマー混合物を分離して酸あるいは塩基で脱離反応を行えばよいのですが，分離が困難な場合も多く，また，初めから単一のジアステレオマーを得る方が効率のよい合成法になります．単一のジアステレオマーを得るために**Scheme 4-37** のような方法が開発されています．ビニルシランにエチルリチウム(EtLi)を反応させて得られるα–シリルカルバニオンとn–ブタナール(n–PrCHO)を反応させると，β–ヒドロキシシラン **17** が2：1のジアステレオマー混合物として得られます．これを酸化してα–シリルケトンにした後，i–Bu$_2$AlH で還元すると **17** がトレオ：エリトロ＝15：1の混合物として得られます．これを KH と反応させるとトランス–アルケンが95％の選択性で得られ，3フッ化ホウ素ジエチルエーテル錯体(BF$_3$・Et$_2$O)などの酸で処理すると94％の選択性でシス–アルケンが得られます[38]．

　18 の還元反応の立体選択性は Felkin-Anh モデルによって説明できます（**図 4-5**）．Felkin-Anh モデルはα位に不斉中心をもつカルボニル基への求核付加反応の立体選択性を説明するためのモデルで，最も安定な配座ではなく，求核剤が反応しやすい配座 **C** を考

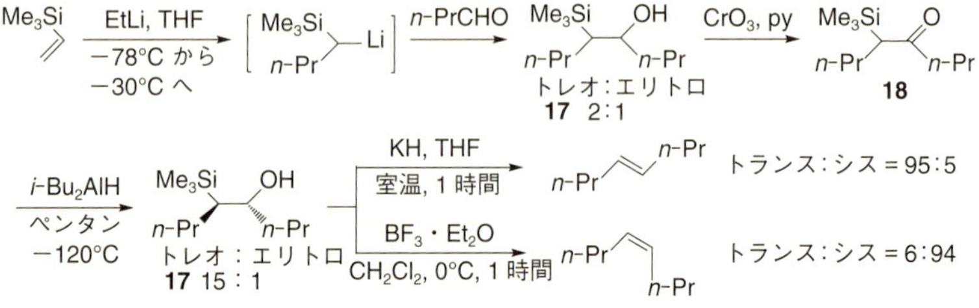

Scheme 4-37

4.3 Peterson 反応　77

えます．このモデル **C** では α 位の最も大きい置換基 L はカルボニ
ル基と直交方向を向き，求核剤 Nu はその反対側からカルボニル基
に対して 90° より大きい角度で接近します（角度 Nu−C＝O＞
90°）．化合物 **18** では α 位の最も大きい置換基はトリメチルシリル
基で，求核剤は H⁻ ですから **D** を経て反応は進行しトレオ体（4.2.1
項の脚注を参照）が選択的に得られます．

　α−シリルケトンへの求核付加反応は i−Bu₂AlH での還元反応だけ
でなく有機リチウム反応剤や Grignard 反応剤の求核付加反応でも
立体選択的に起こるため，三置換アルケンの立体選択的合成にも用
いることができます．**Scheme 4-38** に示す反応ではケトンへのメ
チルリチウム(MeLi)の付加反応が **E** のような遷移状態を経て起こ
り β−ヒドロキシシラン **19** を選択的に与えます．**19** を t−BuOK の

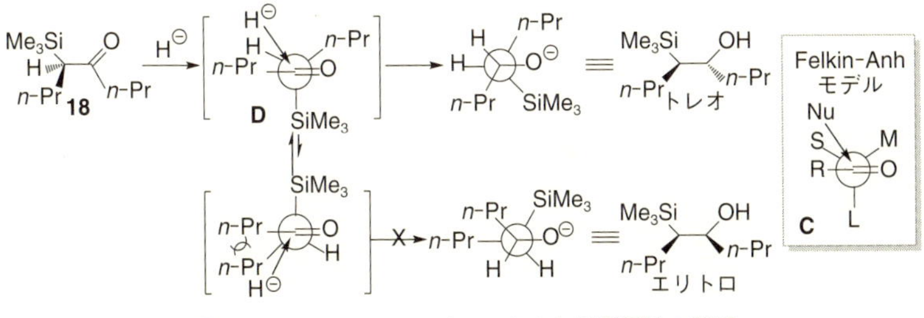

図 4-5　Felkin–Anh モデルによる立体選択性の説明

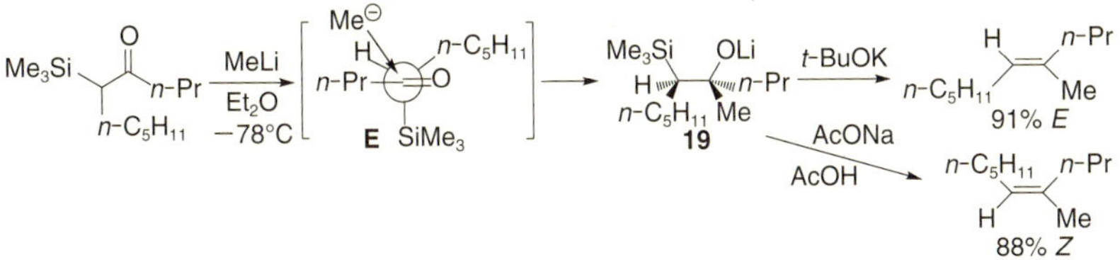

Scheme 4-38

78   第4章　カルボニル化合物からアルケンの立体選択的合成

ような塩基で処理するとシン脱離が起こって E-アルケンが，酢酸ナトリウム（AcONa）で飽和させた氷酢酸（AcOH）と反応させると Z-アルケンが合成できます[39]．

4.3.2　α, β-エポキシシランを経るアルケンの立体選択的合成

　α-シリルケトンを中間体として用いる反応を紹介しましたが，一般には α-シリルカルボニル化合物は不安定なものが多く，求核置換反応の立体選択性もいつも高いというわけではありません．α-シリルアルデヒドも通常不安定ですが TBDPS（t-BuPh$_2$Si）のようにケイ素上に嵩高い置換基をもつ場合には単離もできます．**Scheme 4-39** の反応では，アルキンと有機銅反応剤 **20** の反応によりビニルシランを得た後，エポキシ化と異性化により α-シリルアルデヒド **21** を得ています．MeLi との反応は，シリル基の立体的な大きさのために高い選択性で **F** のような遷移状態を経てエリトロ体を与えます．この化合物は KH のような塩基により脱離させるとシス-アルケンが，BF$_3$・OEt$_2$ を作用させるとトランス-アルケンが高い選択性で得られます[40]．

　Scheme 4-40 の反応で α, β-エポキシシランに有機銅反応剤を作用させると，エポキシドの開環反応が位置および立体選択的に起

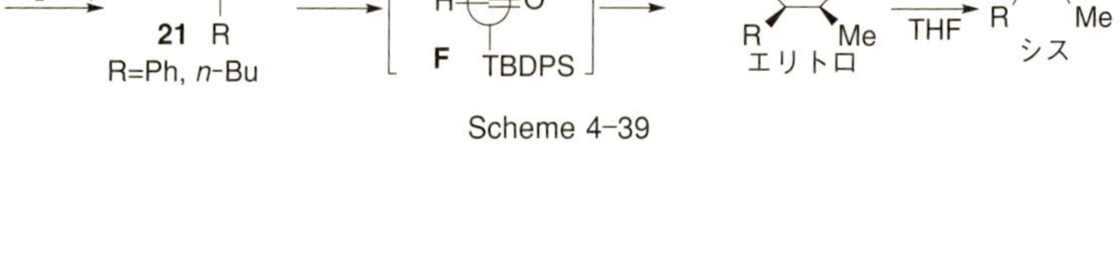

Scheme 4-39

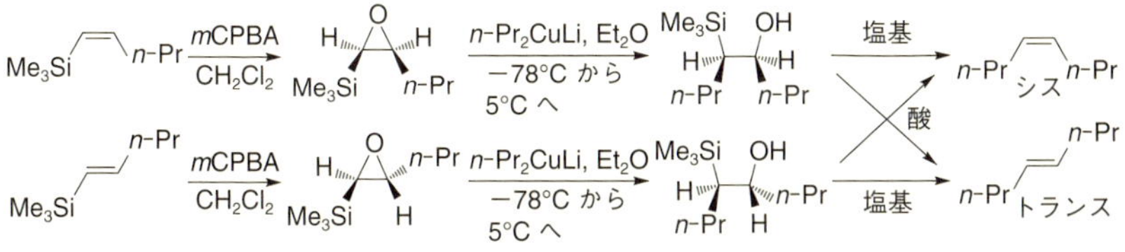

Scheme 4-40

こって β-ヒドロキシシランが生成するので，その後の脱離反応により立体特異的にアルケンへの変換が可能です[41]．

4.3.3 末端アルケンの合成

末端アルケンの合成はトリメチルシリルメチルリチウム(Me₃SiCH₂Li)を用いて行うことができ，立体的に込み合ったケトンとの反応も比較的容易です．エノール化しやすいカルボニル化合物の反応では，塩基性の高い Me₃SiCH₂Li を用いるとカルボニル化合物のリチウムエノラートが生成してしまい末端アルケンが得られないことがあります．このような場合には無水塩化セリウム(CeCl₃)を加えて有機セリウム反応剤として反応させます．生成する有機セリウム反応剤（Me₃SiCH₂CeCl₂ と考えられる）は低塩基性で高い求核性をもった試薬で，カルボニル化合物の脱プロトン化を起こさず求核付加反応だけを起こします．反応溶液には CeCl₃ と同じ当量の TMEDA を加水分解前に加えると β-ヒドロキシシランの単離が容易になると報告されています[42]．通常はこの β-ヒドロキシシランを酸あるいは塩基で処理するとアルケンが得られるはずですが，**Scheme 4-41** のエノール化しやすいケトンでは KH を用いると二重結合の位置が 5 員環の方に移動するため，HF を用いてメチレン化合物を得ています．

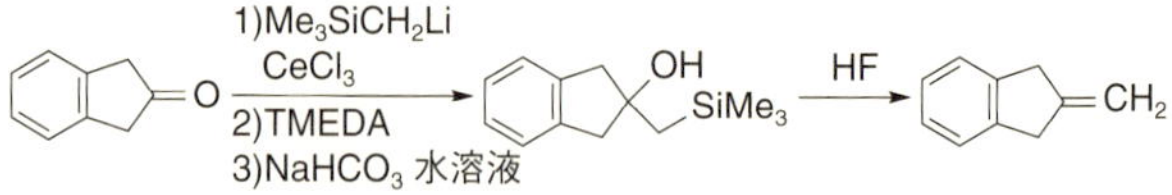

80　第4章　カルボニル化合物からアルケンの立体選択的合成

Scheme 4-41

4.3.4　α-シリル酢酸エステル試薬の合成と反応

　Peterson 反応は α,β-不飽和エステル類の合成にも用いることができるため HWE 反応の代替法として利用されています．これまで紹介してきた Peterson 反応と異なり，電子求引基を α 位置にもつケイ素化合物から調製したアニオンがカルボニル化合物と反応すると直接アルケンが得られます．反応機構は，α-シリルカルボアニオンがカルボニル基に付加して **A** を生じる，E がエステルなどの電子求引基の場合は **A** からシリル基の 1,3-転移が起こってアニオン **B** が生成し，**B** からの β-脱離によりアルケン **C** が得られます（**Scheme 4-42**）．この時，アニオン **B** で C−C 結合の回転が起これば **B'** から **C'** が生成します．電子求引基をもつ α-シリルカルボアニオンのカルボニル化合物への付加は可逆反応と考えられるため，生成するアルケンの立体は C−C 結合の生成，その平衡，β-脱離の起こりやすさなどにより大きく影響を受けます．そのため，立体選択性は反応条件に大きく左右されることとなります．

　α-トリメチルシリル酢酸エチル **22** を THF 中−78℃ でリチウムジシクロヘキシルアミド（LiN(c-C$_6$H$_{11}$)$_2$）により脱プロトン化した

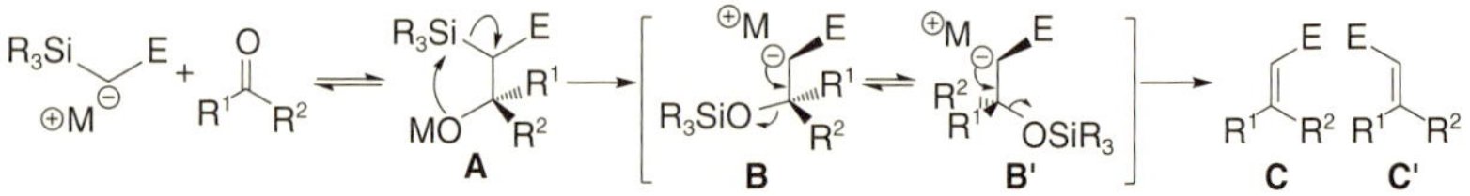

Scheme 4-42

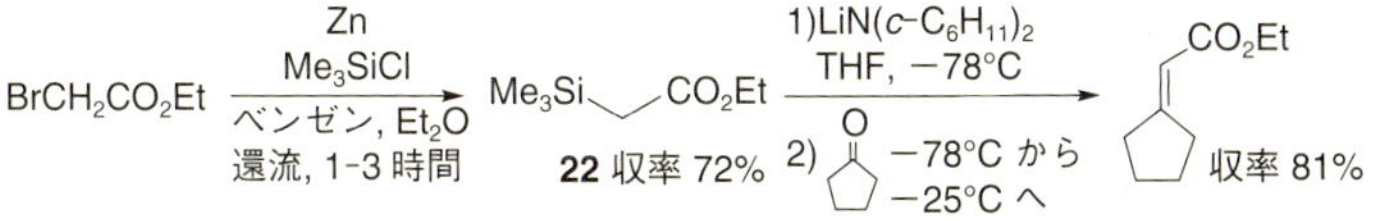

4.3 Peterson 反応 *81*

Scheme 4-43

後，種々のアルデヒドやケトンと反応させると高収率で α,β-不飽和エステルが得られます（**Scheme 4-43**）．シクロペンタノンはエノール化しやすいケトンで Wittig 反応や HWE 反応ではエノール化が起こってアルケンはほとんど得られませんが，**22** から得られるリチウムエノラートとは速やかに反応し 81% の収率で対応する α,β-不飽和エステルが得られます[43]．**22** はブロモ酢酸エチル，Zn，トリメチルシリルクロリドを用いる Reformatsky 条件[†]下で合成されます[44]．酢酸エチルに塩基を作用させた後，シリル化剤を作用させると O-Si 結合が生成してケテンシリルアセタールが主に得られるためです．塩基によるシリル化反応は立体的な影響を受けやすく，エステルのアルコール部分が嵩高くなると C-シリル化が増え，逆にエステル α 位に置換基があると O-シリル化が起こりやすくなります．

　α-トリメチルシリル酢酸メチル **23** を THF 中 LDA で脱プロトン化してアルデヒドと反応させると，−80℃ でもカルボニル基への付加，脱離が起こり直接アルケンを生成します．選択性は一般に低いですが，**Scheme 4-44** のように **23** のアニオンに臭化マグネシウム（MgBr₂）を加えて対カチオンをマグネシウムに変換後，アルデヒドを−80℃ で加えると中間体 **D** が生成し，これを加水分解後

[†]　Reformatsky 反応は α-ハロエステルと Zn から生成する有機亜鉛化合物がアルデヒドやケトンのカルボニル基に付加する反応です．

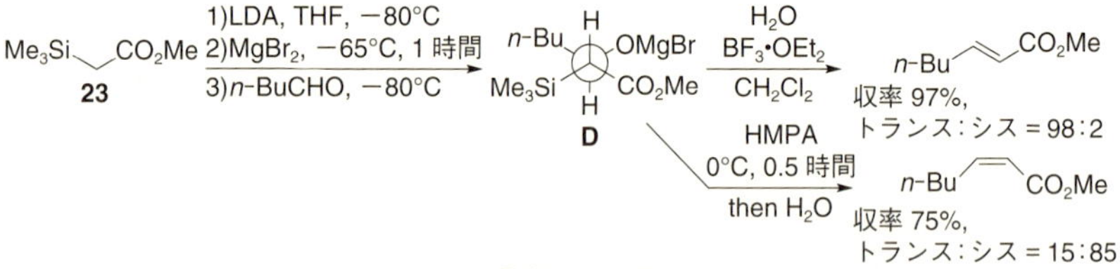

82　第4章　カルボニル化合物からアルケンの立体選択的合成

Scheme 4-44

　$BF_3 \cdot OEt_2$ と反応させればトランス-α,β-不飽和エステルが 98：2 の選択性，97% の収率で得られます．中間体を塩基処理してもシス体はほとんど得られずトランス体が主に生成しますが，HMPA を加えて撹拌するとシス-α,β-不飽和エステルが主に得られます[45]．

　Scheme 4-45 の反応では 1 当量以上の塩基を用いる代わりに触媒量のフッ化セシウム（CsF）を用いて反応を行っています．試薬 **22** を DMSO（ジメチルスルホキシド）中 0.12 当量の CsF 存在下でアルデヒドと反応させると，α,β-不飽和エステルが 93% の収率，98% 以上の高いトランス選択性で得られます[46]．F^- は求核性が低く有機合成における有用な塩基で，Si への親和性が高いことが知られています．この反応では F^- が **22** のケイ素原子を攻撃して生じる酢酸エチルエノラートが，PhCHO のカルボニル基に付加してヒドロキシアニオンを生成し，これが生成したフルオロトリメチルシランと反応して **E** を生成します．**E** を 100℃ に加熱すると再生

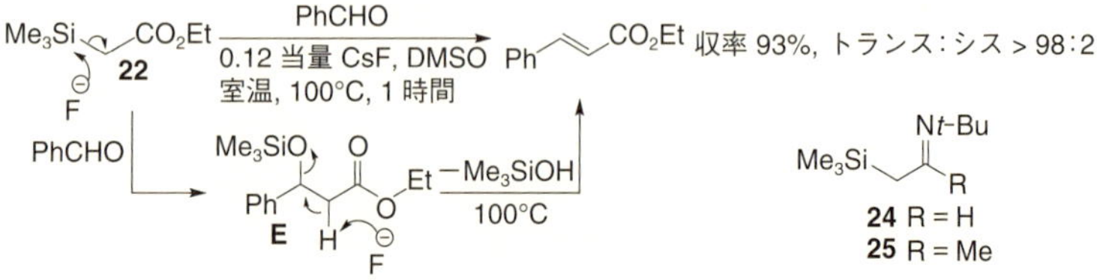

Scheme 4-45

したF⁻がエステルのα位プロトンを引き抜いてシラノールが脱離しケイ皮酸エチルが生成します. 芳香族アルデヒドやα,β-不飽和アルデヒドでは良い収率が得られていますが, エノール化できるアルデヒドでは自己縮合のために低収率となります. 熱力学的に安定なトランスが高い選択性で得られるのは高温に加熱しているためと考えられ, **22** だけでなくイミン試薬 **24**, **25** でも同様な結果が得られています.

ケトカルボン酸 **26** を 3 当量の LDA と α-トリメチルシリル酢酸メチル **23** を用いて反応を行うと $Z-α,β-$不飽和エステルが 89% の収率で得られます (**Scheme 4-46**)[47]. Z 体のみが生成する理由は, 中間体 **F** の安定性にあるのではないかといわれています. **F** の好ましい配置はトリメチルシリル基が最も空いている位置にある **F-1** であり, **F-1** からシン脱離が起こって Z 体を与えたと説明されています. しかし, ケトン **27** ではほぼ同様の実験条件下で $E:Z = 3:1$ と E 体が主に得られていることから[48], 選択性は置換基により大きく影響を受けると考えられます.

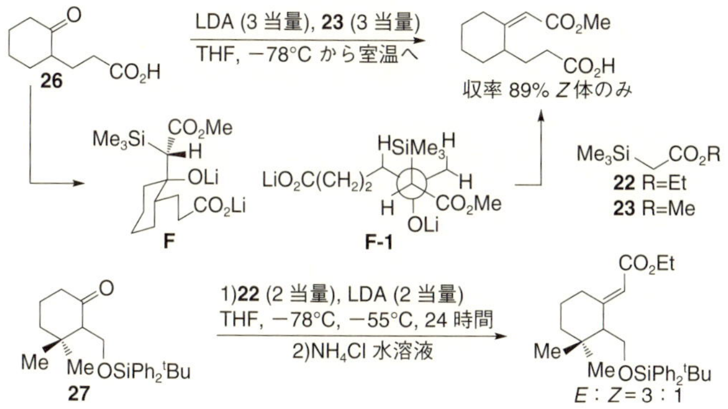

Scheme 4-46

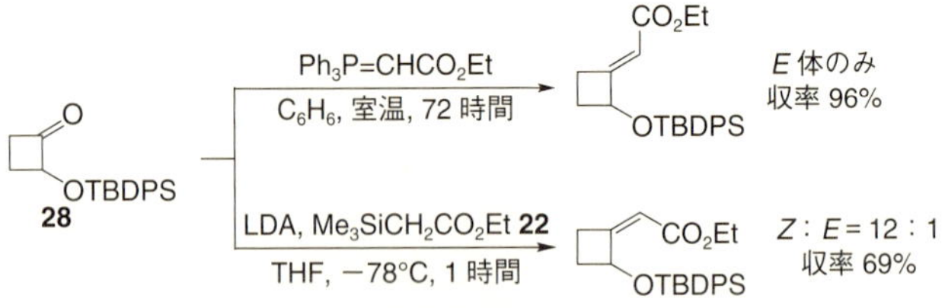

84　第4章　カルボニル化合物からアルケンの立体選択的合成

Scheme 4-47

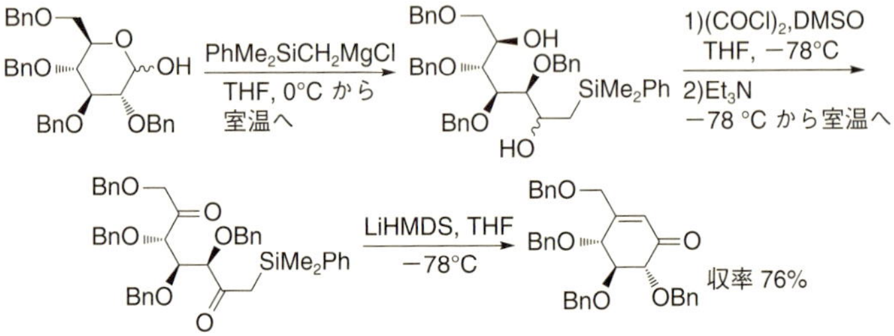

Scheme 4-48

　シクロブタノン **28** のオレフィン化反応を Wittig 試薬 Ph$_3$P＝
CHCO$_2$Et を用いて行うと E 体が唯一の生成物として 96％ の収率
で得られ，Peterson 試薬 **22** を用いて行うと 12：1 の選択性で Z 体
が得られます（**Scheme 4-47**)[49]．興味深いことに，Wittig 反応で
は室温で 72 時間もかかる反応が Peterson 反応では−78℃，1 時間
で完了しており，反応性の違いが明らかです．

　Scheme 4-48 の反応では α−シリルケトンが利用されています．
D−グルコースから得られるヘミアセタールと PhMe$_2$SiCH$_2$MgCl の反
応で β−ヒドロキシシランを得た後，Swern 酸化により α−シリルケ
トンとし，精製せず LiHMDS で脱プロトン化後，分子内 Peterson
反応により 6 員環エノンへ変換されています[50]．

4.3.5 α−シリルアセトニトリル試薬，アミド試薬，スルホン試薬の合成と反応

α−シリルアセトニトリル試薬も α,β−不飽和ニトリル合成のためによく用いられています．試薬は，アセトニトリルアニオンのシリル化反応，ハロアセトニトリルと Zn を用いる Reformatsky 型シリル化反応，遷移金属触媒を用いるアクリロニトリルのヒドロシリル化などにより容易に合成することができます．**Scheme 4-49** のように，Me$_3$SiCH$_2$CN **29** は n−BuLi や LDA のような塩基で脱プロトン化後，アルデヒドと反応させると通常シス：トランス＝3：1〜7：1 程度のシス選択性で α,β−不飽和ニトリルを与えます(1)．

29 を n−BuLi で脱プロトン化後，B(Oi-Pr)$_3$ で処理してからアルデヒドを加え，その後 HMPA を加えると，脂肪族アルデヒドとの反応でシス選択性が8：1〜23：1へと改善されると報告されています(2)[30]．芳香族アルデヒドでは3：1で選択性は改善されていません．試薬 **29** を用いる反応は生理活性物質の合成によく利用されていますが，選択性はアルデヒドの構造に大きく依存します．α 位

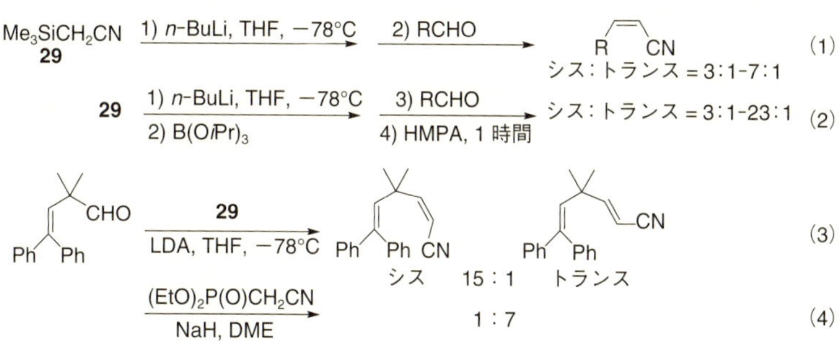

Scheme 4-49

86 第4章 カルボニル化合物からアルケンの立体選択的合成

が三級のアルデヒドとの反応では 15：1 という非常に高いシス選択性が得られています(3)．トランス体を得たい場合は $(EtO)_2P(O)CH_2CN$ を用いる HWE 反応により作り分けが可能です(4)(4.2.4項を参照)[51]．電子求引性の置換基 t-BuO 基をケイ素上に導入した試薬 30 が開発され，THF 中種々の塩基を用いてアルデヒドとの反応が調べられました（Scheme 4-50 の(1)）[52]．最適な塩基はアルデヒドの構造により異なりますが，芳香族アルデヒドでは一般に92：8〜98：2のシス選択性が得られ，脂肪族アルデヒドでも最適な塩基を用いると同程度の選択性が得られます(1)．天然物の合成に 30 が用いられアルデヒド i との反応で95：5のシス選択性が得られています(2)[53]．一方，アルコールの保護基が異なるアルデヒド ii と 29 の $B(Oi\text{-}Pr)_3$ を用いた反応では90：10のシス選択性が得られています(3)[54]．

α,β-不飽和ニトリルは，トランス体を合成する場合は $(EtO)_2P(O)CH_2CN$ を用いる HWE 反応が，シス体を合成する場合は上記試薬 29

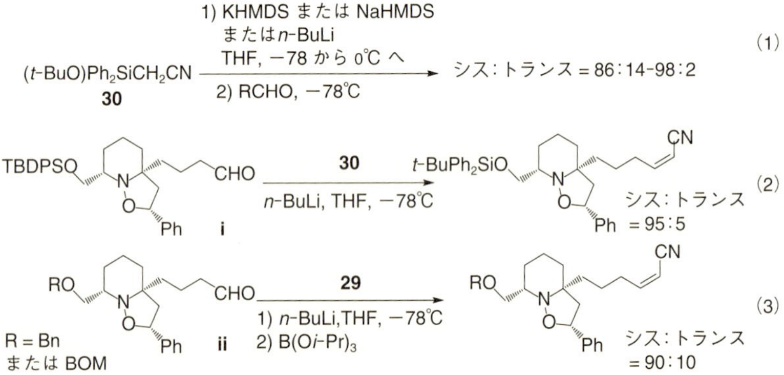

Scheme 4-50

あるいは **30** を用いる Peterson 反応か (ArO)$_2$P(O)CH$_2$CN (Ar＝Ph または o-t-BuC$_6$H$_4$) を用いる HWE 反応により，高選択的に作り分けが可能です．

α-トリメチルシリルアミド試薬(Me$_3$SiCH$_2$CONR^{1}R^2)も合成されていますが，アルデヒドとの Peterson 反応では通常シスとトランスの混合物が得られ選択性は高くありません．トリフェニルシリル試薬(Ph$_3$SiCH$_2$CONR^{1}R^2)を用いると 59～97％ 以上のシス選択性が得られるという報告がされていますが，選択性はアミド部分の構造とアルデヒドの立体および電子的な性質に依存します[55]．

Peterson 反応を用いた α,β-不飽和スルホンの合成も報告されています（**Scheme 4-51**）．フェニルスルホン試薬 **31** はチオアニソールの脱プロトン化とシリル化，過酢酸(CH$_3$CO$_3$H)による酸化で容易に得ることができます．**31** を DME 中 n-BuLi で脱プロトン化後に種々のアルデヒドやケトンと反応させると α,β-不飽和スルホンが良好な収率で得られてきますが，Z，E 選択性はほとんどなく 1：1 の混合物が得られます[56]．溶媒は THF でなく DME を用いることが良い収率を得るために必要であると報告されています．

トランス-α,β-不飽和スルホンは HWE 反応により高い選択性で容易に合成でき，不斉 Michael 反応，不斉 Heck 反応，不斉 Diels-Alder 反応などによく利用されています．一方，シス-α,β-不飽和スルホンを選択的に得る一般性のある方法は確立されておらず，そ

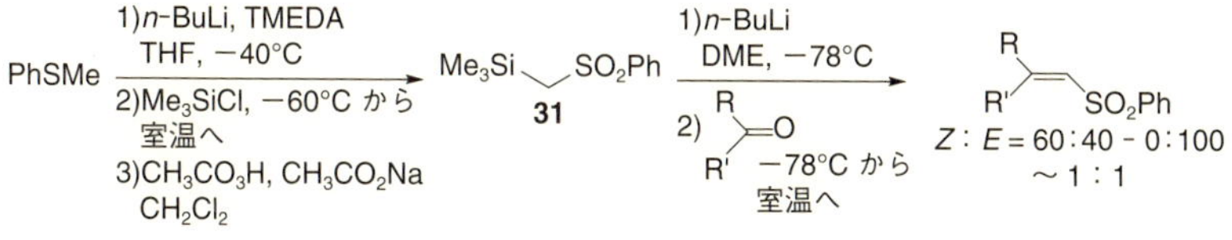

Scheme 4-51

88　第4章　カルボニル化合物からアルケンの立体選択的合成

の利用例もごく限られたものとなっていました．海洋性毒素の代表的な部分構造であるトランス縮環テトラヒドロピラン環の合成にシス-α,β-不飽和スルホンが利用されています．**Scheme 4-52** の例では **31** を用いる Peterson 反応で得られる α,β-不飽和スルホンの1：1混合物からシス体 **32** を単離し，エポキシ化により新しい不斉炭素の構築と元の不斉炭素の除去を行なった後，n-BuLi でキラルカルボアニオン†へ変換しトリフラートでアルキル化，TBS(t-BuMe$_2$Si)エーテルを脱保護すると同時にエポキシ環への攻撃とフェニルスルホンの脱離が起こり，ケトンが得られます．このケトンは還元後，トリフラート **a** に変換できるため，同じ反応を繰り返すことにより複雑な海洋天然物の合成中間体が合成できます[57]．スルホンの特徴を利用した良い合成例です．

　試薬 **31** を用いる Peterson 反応でシス-トランス選択性が一般に1：1である理由として **31** から得られるアニオンの構造が **A** と **B** の2つあるためではないかという考えに基づいて試薬 **33** が開発さ

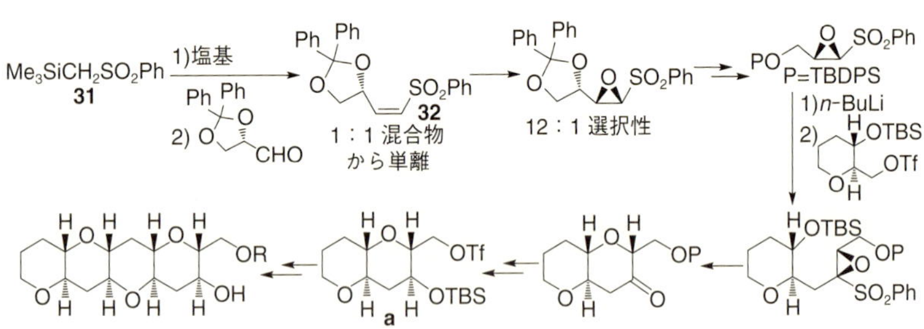

Scheme 4-52

――――――――――――――――――

†　通常カルボニル化合物から得られるアニオンは共鳴構造のためキラルにはなりませんが，スルホンα位のアニオンは共鳴構造の寄与が弱く，低温ではキラリティを保つことが知られています．

4.3 Peterson 反応　*89*

れました（**Scheme 4-53**）. **33** から得られるアニオンは **C** のようなキレート構造をとってアルデヒドと反応し，もし R'が嵩高ければ **C1** は R'とアルデヒドの R との立体反発のために不利となり **C2** から反応が起こって **D** を与え，**E** または **E'** を経てシス-α,β-不飽和スルホンを与えることが期待されます.

　実際 **33a** と芳香族アルデヒドや α 位が第二級の脂肪族アルデヒドとの反応では THF 中 LiHMDS を用いると非常に高い選択性でシス-α,β-不飽和スルホンが得られます．しかし，α 位が第一級や第三級の脂肪族アルデヒドでは中程度のシス選択性しか得られません．キレート能を高めるためにもう一つアルコキシ基を導入した **33b** が開発されました．**33b** は Li 塩基で脱プロトン化すると **Scheme 4-54** のようなキレート構造をとると考えられ，種々のア

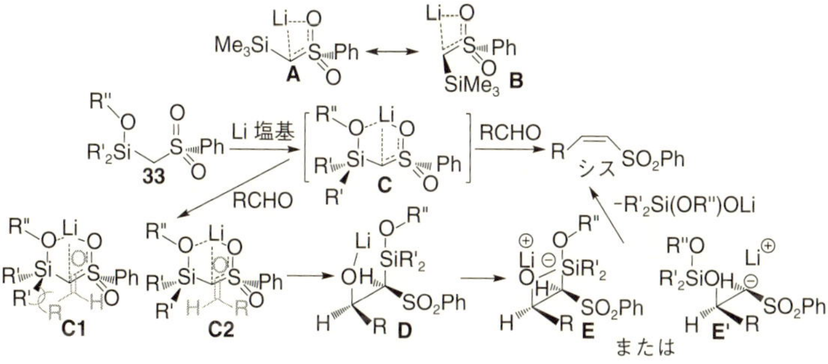

Scheme 4-53

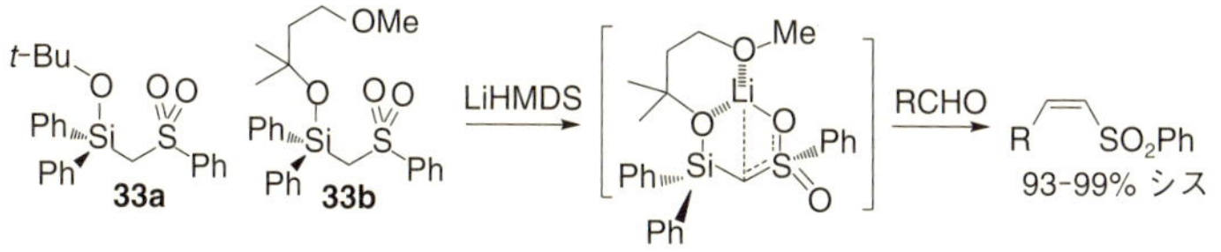

Scheme 4-54

90　第4章　カルボニル化合物からアルケンの立体選択的合成

ルデヒドとの反応で93〜99％のシス選択性が得られています[58].

4.4　Juliaオレフィン化反応

　Juliaオレフィン化反応はアルキルフェニルスルホンの脱プロトン化で得られるスルホンアニオンとアルデヒドやケトンからアルケンを生成する反応です．スルホンアニオンのカルボニル基への求核付加，続くアシル化により生成するβ-アシルオキシスルホンの還元によりトランス-アルケンが得られます（**Scheme 4-55**）[59]．Wittig反応がシス-アルケンを与えるのに対し，この反応は高い選択性でトランス-アルケンを与えるため生理活性有機化合物の合成で頻繁に用いられてきました．還元にはナトリウムアマルガム(Na(Hg))が一般に用いられますが，以前，入手容易であったナトリウムアマルガムはHg（水銀）の毒性のためか最近では入手困難になり，後で述べるOne-pot Julia反応が開発されたこともあり，あまり用いられなくなっています．β-アシルオキシスルホンはジアステレオマー混合物として生成し，還元反応において熱力学的に安定なトランス-アルケンが生成していると考えられます．

　その後フェニル基部分をベンゾチアゾール環に変えることにより（試薬 **34**），カルボニル基への求核付加と脱離反応を一段階で行えるOne-pot Julia反応が開発されました[60]．ベンゾチアゾール(BT)-スルホン **34** は安価な2-メルカプトベンゾチアゾールから調整でき，芳香族アルデヒドやα,β-不飽和アルデヒドとの反応では高いトラ

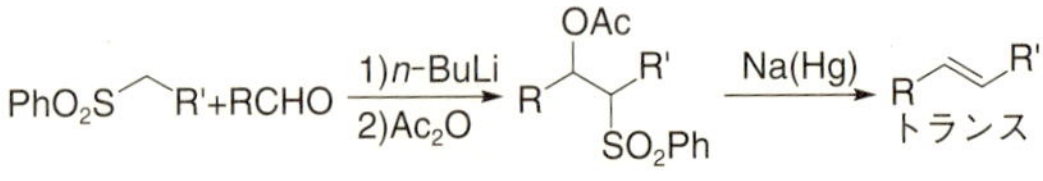

Scheme 4-55

ンス選択性でアルケンを与えます．反応は **Scheme 4-56**(1)のよ
うに **34** から得られるアニオンがアルデヒドに付加して生成したオ
キシアニオンが分子内イプソ位[†]に求核攻撃し，スルフィン酸アニ
オンが脱離した後，二酸化硫黄(SO_2)とヘテロ環の脱離が起きてオ
レフィンが生成します．オキシアニオンの分子内求核攻撃とスル
フィン酸アニオンの脱離の反応は分子内芳香族求核置換反応に分類
され，Smiles 転位とよばれています．**34** はイプソ位での求核攻撃
を受けやすいため，脱プロトン化には求核性のない LDA や MHMDS
(M＝Li，Na，K)などのような塩基を用いる必要があります．**34** か
ら得られるアニオンは自己縮合しやすく，ペンチル BT-スルホン
34 a を THF 中 LDA と−60℃ で 1 時間反応させた後，−20℃ まで
昇温すると 54％ の収率で自己縮合生成物 **35** が得られます(2)．そ
のため One-pot Julia 反応では Barbier 条件（試薬スルホンとアル
デヒドの溶液に塩基を加える）がよく用いられます．塩基に不安定
な官能基をもつアルデヒドへの適用は困難ですが，オレフィン化の

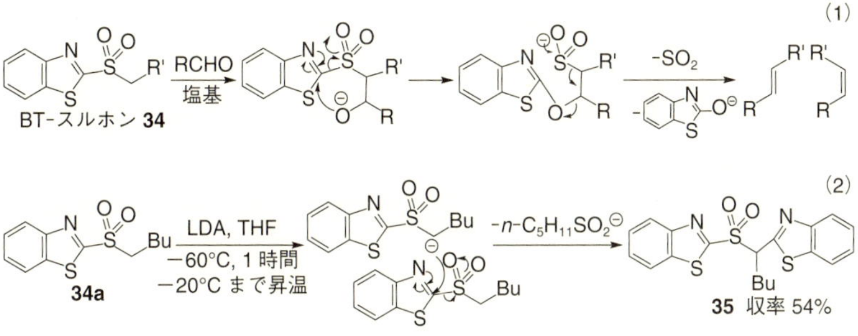

Scheme 4-56

---

† 一置換ベンゼンで置換基の隣の位置はオルト，その隣はメタ，環の反対側をパ
ラといいますが，置換基の結合している C の位置をイプソとよんでいます．

収率が低い場合は，試してみると収率の改善が期待できます．

しかし，一般には **34** を用いるオレフィン化では高い立体選択性は特殊な場合を除いて得られません．n-アルキル BT-スルホンと枝分かれのない脂肪族アルデヒドとの反応では立体選択性はほとんど期待できず，反応はスルホンの構造，アルデヒドの種類，溶媒や塩基の種類により大きく影響を受けます．単純なアルケン合成における選択性を改善するため Kocienski らはフェニルテトラゾール (PT)-スルホン試薬 **36** を開発しました（**Scheme 4-57**）．この反応は特に Julia–Kocienski 反応とよばれ，アルデヒドとの反応で高いトランス選択性で二置換アルケンを与えます[61]．さらに，**36** から得られるアニオンは **34** のアニオンに比べ低温では安定で，Barbier 条件を用いなくてもオレフィン化ができる点も利点です．試薬は市販の 5-メルカプト-1-フェニル-1H-テトラゾールとアルコールからアゾジカルボン酸ジエチル（DEAD）あるいはアゾジカルボン酸ジイソプロピル（DIAD）とトリフェニルホスフィンを用いる光延反応[†]によりスルフィドを合成した後，酸化することにより合成できます．スルフィドの合成はアルコールからだけでなく塩基とハロゲン化アルキルにより行うこともできます．また，スルフィドからスルホンへの酸化の方法は多数知られていますが，一般には m-クロロ過安息香酸（mCPBA）を炭酸水素ナトリウム（NaHCO$_3$）存在下で用いるか，アンモニウムモリブデート（(NH$_4$)$_6$Mo$_7$O$_{24}$·4 H$_2$O）やタン

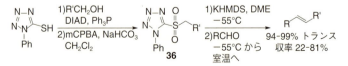

Scheme 4-57

4.4 Julia オレフィン化反応   93

グステン酸ナトリウム（Na₂WO₄·2 H₂O）を触媒として用いる過酸化水素酸化や Oxone® を用いる酸化反応がよく利用されています．BT-スルホン **34** の合成も同様に行えます．

DME 中塩基として KHMDS, NaHMDS, LiHMDS を用い，**36**（R'=アルキル基）と種々のアルデヒドとの反応が調べられています．一般にトランス選択性は K＞Na＞Li の順で，カリウム塩基で最も高いトランス選択性が得られますが，カリウム塩基を用いるとアニオンが不安定となるため低収率となることがあります．その場合には NaHMDS などの塩基や溶媒の検討が必要になります．**Scheme 4-58** に示すように枝分かれのないアルキル基をもつスルホン試薬と枝分かれのない脂肪族アルデヒドとの反応は，BT-スルホン **34 b** では選択性がなく低収率であるのに対し，PT-スルホン **36 a** では類似の反応で 94：6 のトランス選択性が得られています．

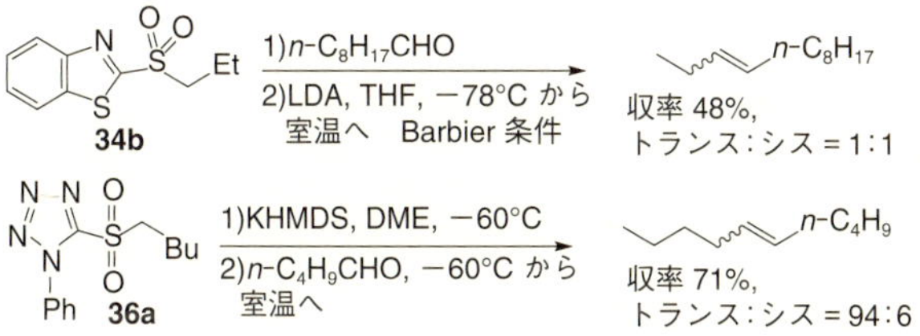

Scheme 4-58

---

† 光延反応は主にアルコールとカルボン酸からエステルを合成するのに用いられる反応です．二級アルコールの場合にはアルコールの立体が反転するので，立体反転の目的でもよく用いられています．ベンゼンチオールの酸性度は pKa 値 6.5 で酢酸に近く，カルボン酸の代わりに用いることができてアルコールと反応してスルフィドが得られます．従来は DEAD と Ph₃P が試薬として用いられていましたが，DEAD の爆発性が報告されたことから，最近は DIAD が DEAD の代わりに用いられるようになりました．

94   第4章　カルボニル化合物からアルケンの立体選択的合成

　Kocienski らはさらにアニオンの安定性の高い試薬として 1-t-ブチルテトラゾール(TBT)-スルホン **37** を開発しました（**Scheme 4-59**）[62]．TBT-スルホン **37** は t-ブチルイソチオシアネートとアジ化ナトリウム（NaN₃）から合成できる 1-t-ブチル-5-メルカプト-1H-テトラゾールのアルキル化と酸化により合成できます．アルキル化は高収率で起こりますが，酸化反応は側鎖に官能基をもつ場合は低収率となることもあり注意が必要です．ベンジルスルホン **37 b** は，Oxone®，mCPBA，Mo 触媒を用いる過酸化水素酸化のいずれを用いてもほとんど得られず，Oxone® を用いた時の 12% が最高収率であったと報告されています．アリルスルホン **37 c** の収率も中程度です．

　単純なアルキル基をもつ **37 a** のアニオンの安定性が，前述のBT-スルホン **34 b**，PT-スルホン **36 a** と比較されています（**Scheme 4-60**）．DME 中−60℃ で KHMDS を加え，2 時間後に水を用いて反応を停止させたところ，**34 b**，**36 a**，**37 a** はそれぞれ 0%，20%，

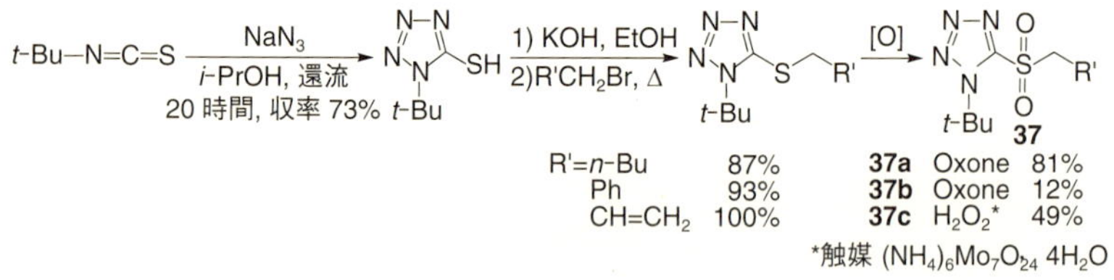

Scheme 4-59

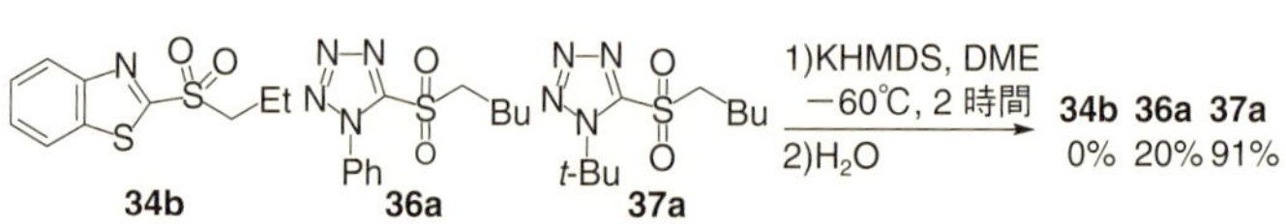

Scheme 4-60

91% 回収され**37 a** から得られるアニオンの安定性の高さが示されました．嵩高い N-置換基のためにイプソ位への攻撃が起こりにくいためと考えられます．

TBT-スルホン試薬 **37** のアルデヒドとの反応が PT-スルホン試薬 **36** と比較されています（**表 4-1**）．ペンチルスルホン($R'=C_4H_9$）では試薬 **36 a**，**37 a** どちらも脂肪族，芳香族アルデヒド両方からトランス-アルケンが選択的に得られ，**36 a** は選択性が 99% 以上と高く，**37 a** では選択性は低く収率が高いという結果でした．ところが，ベンジルスルホン試薬($R'=Ph$）およびアリルスルホン試薬($R'=CH=CH_2$）と n-デカナールとの反応では **37 b**，**37 c** からはシス：トランス＝96：4 以上の高いシス選択性でアルケンが得られ，**36** からはそれぞれトランス：シス＝29：71，67：33 の混合物が得られています．ベンジルやアリルスルホンでは，スルホンアニオンがアルキルスルホンより安定になるためにアルデヒドへの付加が可逆になりシス体が選択的に得られたと説明されていますが，全ての実験事実を説明できる反応機構はまだ提案されていません[63]．

これらヘテロアリールスルホンを用いるオレフィン化反応は生理

表 4-1　スルホン試薬の置換基効果

| R' | RCHO | **36** ($X=Ph$) | | **37** ($X=t$-Bu) | |
		トランス：シス	収率	トランス：シス	収率
C_4H_9	c-$C_6H_{11}CHO$	99：1	75%	89：11	88%
C_4H_9	$PhCHO$	>99：1	48%	79：21	80%
Ph	$C_9H_{19}CHO$	29：71	70%	<1：99	95%
$CH=CH_2$	$C_9H_{19}CHO$	67：33	39%	4：96	60%

96　第4章　カルボニル化合物からアルケンの立体選択的合成

活性物質や天然有機化合物の合成においてトランス–アルケン合成法として用いられるだけでなく，Wittig 反応と同様に 2 つの有機分子を結合させて大きな分子を構築していく方法としても頻繁に利用されています．以下に，天然有機化合物の合成に用いられた例を中心に紹介します．

4.4.1　ジエンの合成，ポリエンの合成への利用

ジエンを合成するには 2 つの組み合わせが可能です．アリルスルホンとアルデヒドとの反応，あるいはアルキルスルホンと α,β-不飽和アルデヒドとの反応です．生理活性天然物の中にはジエンやトリエンなどの構造をもつ化合物が多く存在し，これら化合物の合成に One-pot Julia 反応はよく利用されています．**Scheme 4-61** には BT–アルキルスルホンと α,β-不飽和アルデヒドから高いトランス選択性でジエン，トリエンが得られたという報告を紹介します．(1) の反応は，β-メトキシ基をもつ BT–スルホンと α,β-不飽和アルデヒドの THF 溶液に -78℃ で NaHMDS を加える Barbier 条件下で行われ，対応するジエンが 75% 収率，95：5 以上の高いト

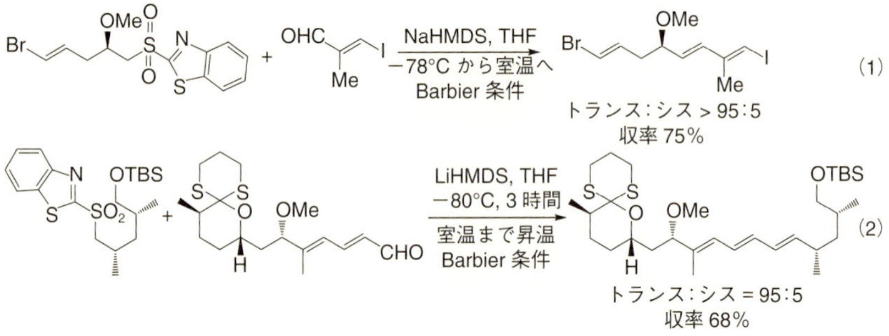

Scheme 4-61

4.4 Julia オレフィン化反応   97

ランス選択性で得られています．この反応は海洋天然物で腫瘍細胞
成長抑制作用をもつ phorboxazole（ホルボキサゾール）B の側鎖の
合成に用いられました[64]．(2)の例は BT–スルホンとジエナールと
の反応で THF 中 LiHMDS を用いて Barbier 条件下で行われ，95：5
のトランス選択性でトリエンを得ています[65]．類似の構造をもつ化
合物の合成にはこの方法が多用され，ほとんどの例において高いト
ランス選択性が得られており信頼できる方法といえます．

　一端に PT–スルホンをもち，もう一方の端に BT–スルフィドを
もつ試薬 **38** の反応を **Scheme 4-62** に示します[66]．PT–スルホン
部分で脂肪族アルデヒドとのオレフィン化反応を行い，97% のト
ランス選択性，95% 収率でアルケンを与えた後，BT–スルフィド

Scheme 4-62　トランス：シス = 95：5

の酸化と保護基の調整後，BT-スルホンとα,β-不飽和アルデヒドとの反応で95%のトランス選択性でジエンを得ています．1回目のオレフィン化でBT-スルホンを用いると選択性はほとんど得られないと思われますが，PT-スルホンを用いることにより高い選択性が得られ，その後α,β-不飽和アルデヒドとの反応で高いトランス選択性を示すBT-スルホンを用いて両端でのカップリング反応が行われています．

一方，アリルスルホンとアルデヒドとの反応では，選択性は一般に中程度になります．PT-スルホンからは低いトランス選択性が一般的で，BT-スルホンからは中程度のシス選択性でジエンが得られ，反応条件を変えることにより選択性をある程度は制御できます[67]．前述のアリルTBT-スルホン **37c** と n-デカナールとの反応は高いシス選択性でオレフィンを与えますが，報告された反応は一例のみで一般性は不明です．アリルスルホンについて天然物合成に用いられている反応がBrücknerらによって報告されています．彼らはスズ化されたアリルBT-スルホン **39** と 3-トリブチルスタニルアクロレイン **40** の反応が96：4という非常に高いシス選択性でトリエン **41** を与えることを見出だしました（**Scheme 4-63**）[68]．SnをもたないアリルBT-スルホンとの反応ではシス：トランス＝90：10および39：61の選択性であるのに対し，**39** は **40** だけでなくスズ置換基をもたない多くのα,β-不飽和アルデヒドとの反応でも高いシス選択性でトリエンを与えています．トリエン **41** は両端にトリブチルスズ基をもちクロスカップリング反応により **42** のような化合物に変換できます[69]．**42** にはアルケニルスズ部位がもう一つ残っているので，さらに異なる基質とのクロスカップリング反応が可能で，ポリエン合成に極めて有効です．なお，**39** のようなスズ化合物は脱スズ化反応を起こしやすいのが欠点です．

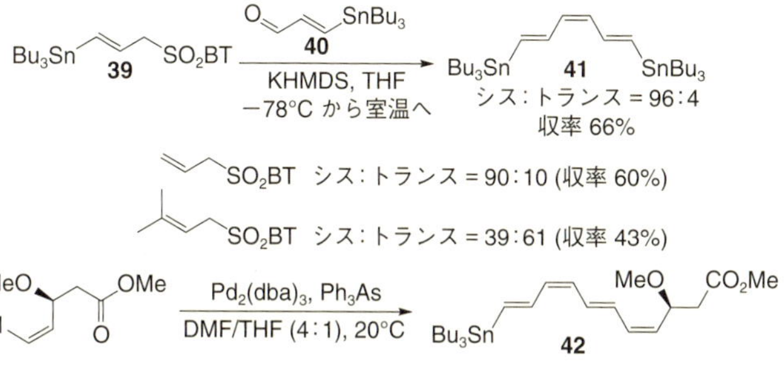

4.4 Julia オレフィン化反応　99

Bu₃Sn—39—SO₂BT + 40 (O=... SnBu₃) →[KHMDS, THF / −78℃ から室温へ] Bu₃Sn—41—SnBu₃　シス：トランス = 96：4　収率 66%

(... SO₂BT　シス：トランス = 90：10 (収率 60%))

(... SO₂BT　シス：トランス = 39：61 (収率 43%))

41 + (MeO ... OMe, I, O) →[Pd₂(dba)₃, Ph₃As / DMF/THF (4：1), 20℃] Bu₃Sn—42—(MeO, CO₂Me)

Scheme 4-63

4.4.2　末端アルケンの合成

　末端アルケンの合成も有機合成化学において重要な反応で，Julia 型オレフィン化反応を含む多くのメチレン化試薬が開発されています[70]．立体選択性はないので簡単な反応と思われがちですが，実際には複雑な官能基をもつケトンやアルデヒドのメチレン化は困難を伴う場合が多いようです．たとえば，**43** のメチレン化反応では，Wittig 試薬（Ph₃P＝CH₂），Tebbe 試薬（Cp₂Ti＝CH₂），Peterson 試薬（Me₃SiCH₂MgCl）いずれを用いても **45** を得ることはできていませんが，**44 a** を用い KHMDS 存在下に反応を行うと **45** が得られています．**45** からテトラゾールの副生成物を除けなかったために，そのまま RCM（閉環メタセシス）反応後オキサゾリジノンへ 36% の収率で変換されています（**Scheme 4-64**）[71]．

　より有効なメチレン化試薬の開発を目指して TBT-スルホン試薬 **44 b** が開発されました．TBT-スルホンのアニオンは PT-スルホンのアニオンより安定であることから開発された試薬です．**44 b** は THF 中 NaHMDS を用いて−78℃ から昇温して反応を行うか（A 法），THF–DMF（3：1）中 Cs₂CO₃ を用いて加熱還流下反応を行う

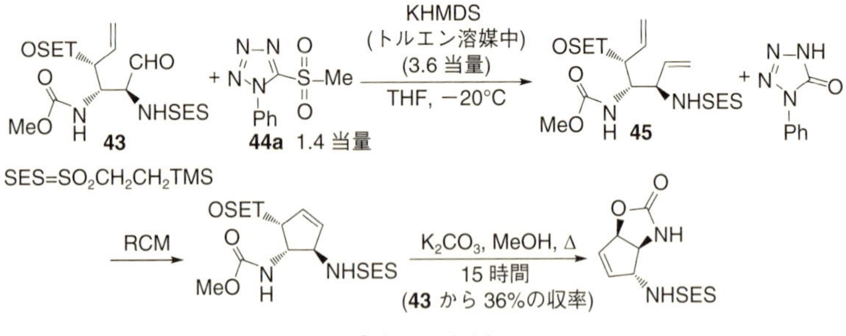

100 第4章 カルボニル化合物からアルケンの立体選択的合成

Scheme 4-64

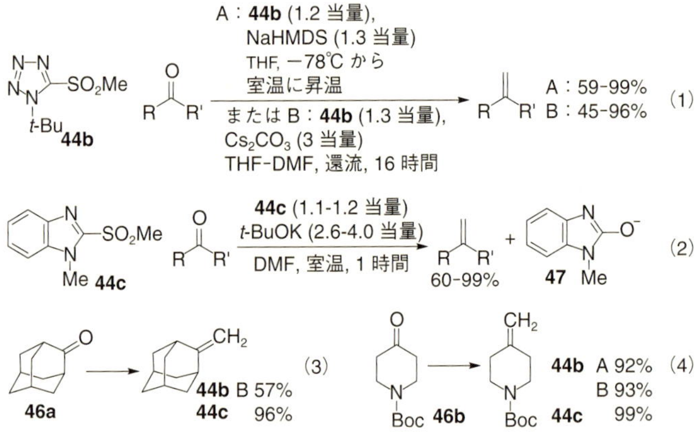

Scheme 4-65

（B法）ことにより，種々のアルデヒドやケトンからそれぞれ59〜99％，45〜96％の収率で末端アルケンを与えます（**Scheme 4-65** (1)）[72]．より実用的な試薬として開発されたのが 1-メチル-2-ベンゾイミダゾール（MBI）-スルホン **44c** です．安価な 2-メルカプトベンゾイミダゾールのジメチル化と酸化により容易に調製でき，DMF 中室温で t-BuOK を用いるだけで，1時間という短時間で反

応は終了し，種々のアルデヒドやケトンから 60〜99% の収率が得られます(2)[73]．嵩高いメントンやエノール化しやすい基質を除けば 91% 以上の高収率が得られ，反応終了後 NaOH 水溶液で洗浄すると副生成物 **47** は除かれ，純度の高い生成物が得られます．**44 c** が **44 a** と比べ塩基性条件下の安定性に優れているためであると説明されます．ケトン **46 a** と **46 b** のメチレン化反応は試薬 **44 b** と **44 c** 両方で報告されています．**46 a** の反応では **44 c** を用いると 96% の収率であるのに対し，**44 b** では 57% と低収率であることがわかります(3)．**46 b** の反応はいずれの方法を用いても非常に高い収率が得られています(4)．

4.4.3 生理活性天然物の合成への応用例

最後に複雑な天然物合成への応用例をいくつか示します．**Scheme 4-66** は PT-スルホン **48** とアルデヒド **49** との反応です[74]．**48** を THF 中−78℃ で KHMDS により脱プロトン化した後，アルデヒド **49** を加える方法で 74% の収率，95% 以上のトランス選択性でアルケンを得ています．トランス-アルケン合成法としてだけでなく複雑な構造をもつ 2 つの化合物をカップリングさせる方法としても有効であることがわかります．

BT-スルホン **50** と α,β-不飽和アルデヒド **51** の THF 溶液に−78 ℃ で LiHMDS を加え 0℃ まで昇温すると E,E-ジエンが 95% 以上の選択性で得られます（**Scheme 4-67**）．この反応では C 32 エピマー[†]が 12% 生成しますが，KHMDS を塩基として用いるとエピマーは 71% に増えます．エピマーの生成はスルホン β 位アルコキシ基の脱離と再付加により説明されています[75]．

---

† 2 ヶ所以上のキラル中心をもつ化合物のうち，1 ヶ所のキラル中心だけ立体配置が異なる化合物を指します．

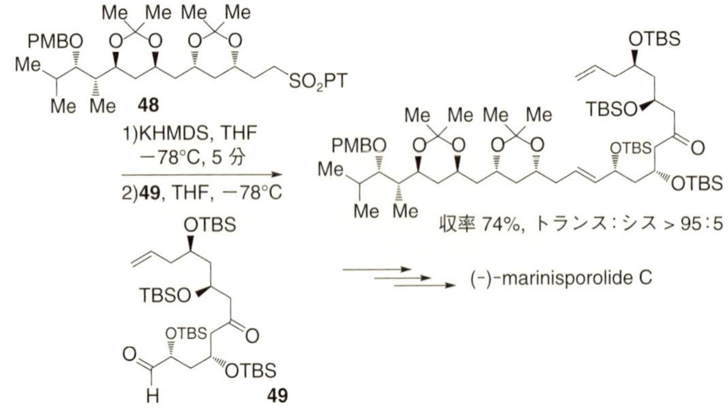

102 第 4 章 カルボニル化合物からアルケンの立体選択的合成

収率 74%, トランス：シス > 95：5

(-)-marinisporolide C

Scheme 4-66

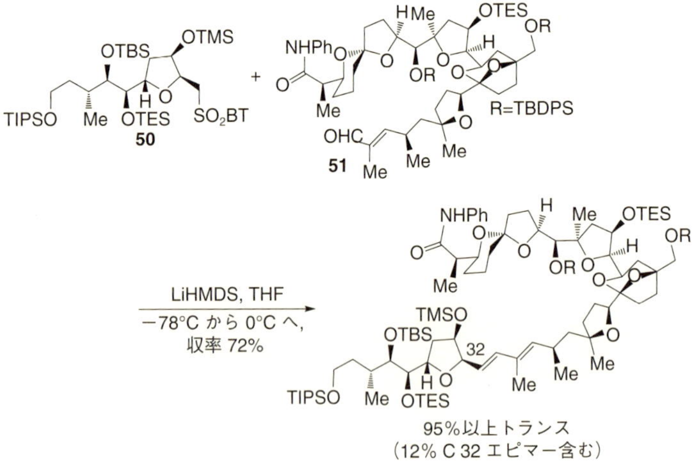

R=TBDPS

LiHMDS, THF
−78℃ から 0℃ へ,
収率 72%

95%以上トランス
（12% C 32 エピマー含む）

Scheme 4-67

4.4 Julia オレフィン化反応　　103

　Julia–Kocienski 反応は一般に高いトランス選択性でアルケンを与
える反応ですが，基質によってはその選択性は反応条件により大き
く左右される場合があり，**Scheme 4-68** はその例です．アルデヒ
ド **52** と PT-スルホン **53** の反応を THF 中 NaHMDS を用いて行う
と 1：8 のシス選択性が得られます．DME 中 KHMDS を用いてもシ
ス体が多く得られますが，LiHMDS を塩基として用いるとトランス
体が主生成物となり，溶媒を DMF/HMPA（4：1）にすると 30：1
以上の高い選択性でトランス体が得られるようになります[76]．基質
分子中に存在する官能基の影響が大きいように思われますが，理由
はまだわかっていません．アルキル PT-スルホンとアルデヒドとの
反応では一般にトランス-アルケンが得られますが，場合によって
は反応条件の詳細な検討が必要になる場合もあるといえます．

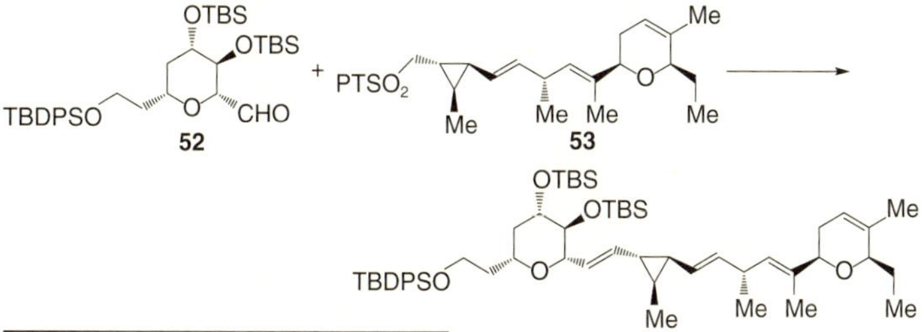

条件	トランス：シス
NaHMDS, THF, −78℃	1：8
KHMDS, DME, 18-crown-6, −60℃	1：3
LiHMDS, THF/HMPA（4：1）, −60℃	3：1
LiHMDS, DMF/HMPA（4：1）, −35℃	>30：1

Scheme 4-68

104   第4章　カルボニル化合物からアルケンの立体選択的合成

4.5　高井–内本オレフィン化反応

Scheme 4-69 に示すハロホルムと過剰の CrCl$_2$ を用いてアルデヒドからトランス–ハロアルケンを立体選択的に合成する方法は高井オレフィン化反応または，高井–内本オレフィン化反応とよばれています[77]．Cr（クロム）（II）がハロホルムのハロゲン（I, Br, Cl）と置き換わって3価に酸化され，これが繰り返されて生成する*gem*-ジクロム中間体が活性種と考えられています．*gem*-ジクロム中間体はアルデヒドに付加して C−C 結合が形成され，最後に Cr と OCr が脱離してアルケンになると説明されます．

得られるアルケンは α, β-不飽和アルデヒドとの反応を除いて高いトランス選択性で得られ，選択性は I＜Br＜Cl の順に高くなります．反応性は I＞Br＞Cl の順で低くなり，ヨードホルムでは 0℃ で反応しますが，クロロホルムでは加熱が必要です．ブロモホルムを用いる時には CrCl$_2$ 由来のクロロアルケンも生成しますが，CrCl$_2$ の代わりに三臭化クロム（CrBr$_3$）と LiAlH$_4$ を用いるとブロモアルケンが良い収率で得られます．この方法はアルデヒドからトランス–ヨードアルケンやブロモアルケンを合成する方法としてよく用いられています．Wittig 試薬（Ph$_3$P＝CHX）を用いるとシス–ハロアルケンが得られるのと相補的に用いられます．

ハロホルムの代わりに *gem*-ジヨードアルカンを用いればトラン

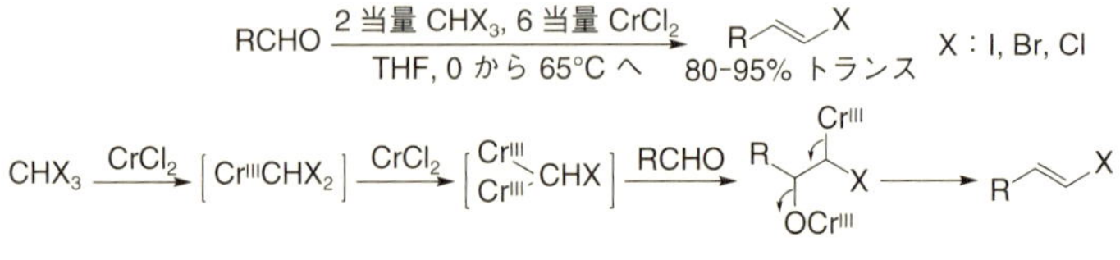

Scheme 4-69

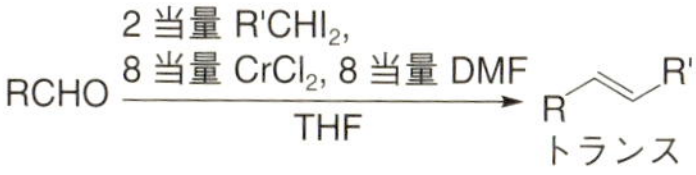

$$RCHO \xrightarrow[\text{THF}]{\substack{2\text{当量 R'CHI}_2, \\ 8\text{当量 CrCl}_2, 8\text{当量 DMF}}} \underset{\text{トランス}}{\overset{R}{\diagup}\diagdown\overset{R'}{\diagdown}}$$

Scheme 4-70

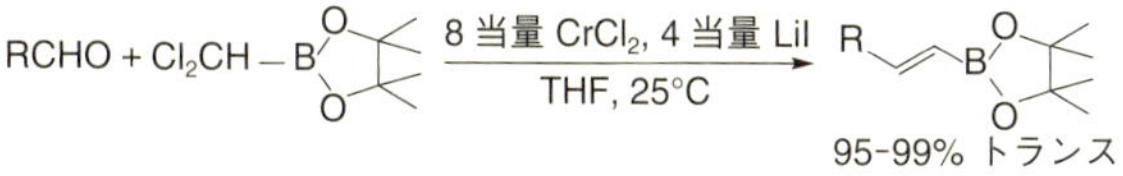

$$RCHO + Cl_2CH-B\overset{O}{\underset{O}{\big\langle}}\overset{}{\big\rangle} \xrightarrow[\text{THF, 25°C}]{8\text{当量 CrCl}_2, 4\text{当量 LiI}} R\diagdown\diagup\diagdown B\overset{O}{\underset{O}{\big\langle}}\overset{}{\big\rangle}$$

95-99% トランス

Scheme 4-71

ス-アルケンが得られます（**Scheme 4-70**）[78]．Cr(II) の還元能は電子供与性リガンドとの錯形成により高められ，本反応では DMF をリガンドとして用いると最も良い結果が得られたと報告されています．なお，R'がメチルの場合に限り，DMF は必要なく高い収率，高いトランス選択性でアルケンが得られます．

　ハロホルムの代わりにジクロロメチルボロン酸エステルを用いればトランス-アルケニルボロン酸エステルが得られます（**Scheme 4-71**）[79]．この際，ヨウ化リチウム(LiI)がないと反応は進行しません．ハロゲン交換によりジヨードボロン酸エステルになってから反応が起こるものと考えられます．得られるアルケニルボロン酸エステルは鈴木カップリングに用いることができ，ポリエンの合成などに利用されています．ボロン酸エステル部位が嵩高いためか，特に高いトランス選択性が得られています．

参考文献

1) Wittig, G.; Gleissler, G. (1953) *Liebigs Ann. Chem*., **580**, 44.

2) Schlosser, M.; Schaub, B.; Oliveira-Neto, J.; Jeganathan, S. (1986) *CHIMIA*, **40**, 244.

3) Schlosser, M.; Christmann, K. F. (1966) *Angew. Chem. Int. Ed*., **5**, 126.

106　第4章　カルボニル化合物からアルケンの立体選択的合成

4) a) Minami, N.; Ko, S. S.; Kishi, Y. (1982) *J. Am. Chem. Soc.*, **104**, 1109.

   b) Yamamoto, Y.; Chounan, Y.; Nishii, S.; Ibuka, T.; Kitahara, H. (1992) *J. Am. Chem. Soc.*, **114**, 7652.

5) Bestmann, H. J.; Roth, K.; Ettlinger, M. (1979) *Angew. Chem. Int. Ed.*, **18**, 687.

6) Katsuki, T.; Lee, A. W. M.; Ma, P.; Martin, V. S.; Masamune, S.; Sharpless, K. B.; Tuddenham, D.; Walker, F. J. (1982) *J. Org. Chem.*, **47**, 1373.

7) McNulty, J.; Das, P. (2009) *Eur. J. Org. Chem.*, 4031.

8) Aggarwal, V. K.; Fulton, J. R.; Sheldon, C. G.; Vicente, J. (2003) *J. Am. Chem. Soc.*, **125**, 6034.

9) Wang, Q.; Khoury, M. E.; Schlosser, M. (2000) *Chem. Eur. J.*, **6**, 420.

10) Dong, D.-J.; Li, H.-H.; Tian, S.-K. (2010) *J. Am. Chem. Soc.*, **132**, 5018.

11) Li, P.; Li, J.; Arikan, F.; Ahlbrecht, W.; Dieckmann, M.; Menche, D. (2010) *J. Org. Chem.*, **75**, 2429.

12) Stork, G.; Zhao, K. (1989) *Tetrahedron Lett.*, **30**, 2173.

13) Chen, J.; Wang, T.; Zhao, K. (1994) *Tetrahedron Lett.*, **35**, 2827.

14) O'Brien, C. J.; Tellez, J. L.; Nixon, Z. S.; Kang, L. J.; Carter, A. L.; Kunkel, S. R.; Przeworski, K. C.; Chass, G. A. (2009) *Angew. Chem. Int. Ed.*, **48**, 6836.

15) 総説：Maryanoff, B. E.; Reitz, A. B. (1989) *Chem. Rev.*, **89**, 863.

16) Ando, K. (1999) *J. Org. Chem.*, **64**, 6815.

17) Blanchette, M. A.; Choy, W.; Davis, J. T.; Essenfeld, A. P.; Masamune, S.; Roush, W. R.; Sakai, T. (1984) *Tetrahedron Lett.*, **25**, 2183.

18) Ando, K.; Yamada, K. (2011) *Green Chem.*, **13**, 1143.

19) Nagaoka, H.; Kishi, Y. (1981) *Tetrahedron*, **37**, 3873.

20) Still, W. C.; Gennari, C. (1983) *Tetrahedron Lett.*, **24**, 4405.

21) 総説：安藤香織 (2000) 有機合成化学協会誌, **58**, 869.

22) a) Ando, K. (1995) *Tetrahedron Lett.*, **36**, 4105.

    b) Ando, K. (1997) *J. Org. Chem.*, **62**, 1934.

23) Ando, K.; Oishi, T.; Hirama, M.; Ohno, H.; Ibuka, T. (2000) *J. Org. Chem.*, **65**, 4745.

24) Ando, K. (1999) *J. Org. Chem.*, **64**, 8406.

25) Touchard, F. P. (2005) *Eur. J. Org. Chem.*, 1790.

26) Ando, K.; Narumiya, K.; Takada, H.; Teruya, T. (2010) *Org. Lett.*, **12**, 1460.

27) Ando, K. (1998) *J. Org. Chem.*, **63**, 8411.

28) Zhang, T. Y.; O'Toole, J. C.; Dunigan, J. M. (1998) *Tetrahedron Lett.*, **39**, 1461.

29) Ando, K.; Okumura, M.; Nagaya, S. (2013) *Tetrahedron Lett.*, **54**, 2026.

30) Haruta, R.; Ishiguro, M.; Furuta, K.; Mori, A.; Ikeda, N.; Yamamoto, H. (1982) *Chem.*

Lett., 1093.

31） Stockman, R. A.; Sinclair, A.; Arini, L. G.; Szeto, P.; Hughes, D. L. （2004） *J. Org. Chem.*, **69**, 1598.

32） Evans, D. A.; Scheidt, K. A.; Downey, C. W. （2001） *Org. Lett.*, **3**, 3009.

33） Ando, K. （2001） *Synlett*, 1272.

34） Ando, K.; Nagaya, S.; Tarumi, Y. （2009） *Tetrahedron Lett.*, **50**, 5689.

35） a） Fortin, S.; Dupont, F.; Deslongchamps, P. （2002） *J. Org. Chem.*, **67**, 5437.
　　b） Kojima, S.; Hidaka, T.; Yamakawa, A. （2005） *Chem. Lett.*, **34**, 470.

36） Roush, W. R.; Gwaltney II, S. L.; Cheng, J.; Scheidt, K. A.; McKerrow, J. H.; Hansell, E. （1998） *J. Am. Chem. Soc.*, **120**, 10994.

37） Peterson, D. J. （1968） *J. Org. Chem.*, **33**, 780.

38） Hudrlik, P. F.; Peterson, D. （1975） *J. Am. Chem. Soc.*, **97**, 1464.

39） Utimoto, K.; Obayashi, M.; Nozaki, H. （1976） *J. Org. Chem.*, **41**, 2940.

40） Barbero, A.; Blanco, Y.; Garcia, C.; Pulido, F. J. （2000） *Synthesis*, 1223.

41） Hudrlik, P. F.; Peterson, D.; Rona, R. J. （1975） *J. Org. Chem.*, **40**, 2263.

42） Johnson, C. R.; Tait, B. D. （1987） *J. Org. Chem.*, **52**, 281.

43） Shimoji, K.; Taguchi, H.; Oshima, K.; Yamamoto, H.; Nozaki, H. （1974） *J. Am. Chem. Soc.*, **96**, 1620.

44） Fessenden, R. J.; Fessenden, J. S. （1967） *J. Org. Chem.*, **32**, 3535.

45） Larchevêque, M.; Debal, A. （1981） *J. Chem. Soc., Chem. Commun.*, 877.

46） Bellassoued, M.; Ozanne, N. （1995） *J. Org. Chem.*, **60**, 6582.

47） Green, S. P.; Whiting, D. A. （1992） *J. Chem. Soc., Chem. Commun.*, 1753.

48） Moritz, B. J.; Mack, D. J.; Tong, L.; Thomson, R. J. （2014） *Angew. Chem. Int. Ed.*, **53**, 2988.

49） Danappe, S.; Pal, A.; Alexandre, C.; Aubertin, A.-M.; Bourgougnon, N.; Huet, F. （2005） *Tetrahedron*, **61**, 5782.

50） Chiara, J. L.; García, A.; Sesmilo, E.; Vacas, T. （2006） *Org. Lett.*, **8**, 3935.

51） Zimmerman, H. E.; Klun, R. T. （1978） *Tetrahedron*, **34**, 1775.

52） Kojima, S.; Fukuzaki, T.; Yamakawa, A.; Murai, Y. （2004） *Org. Lett.*, **6**, 3917.

53） Macdonald, J. M.; Horsley, H. T.; Ryan, J. H.; Saubern, S.; Holmes, A. B. （2008） *Org. Lett.*, **10**, 4227.

54） Davison, E. C.; Fox, M. E.; Holmes, A. B.; Roughley, S. D.; Smith, C. J.; Williams, G. M.; Davies, J. E.; Raithby, P. R.; Adams, J. P.; Forbes, I. T.; Press, N. J.; Thompson, M. J. （2002） *J. Chem. Soc., Perkin Trans. 1*, 1494.

55） Kojima, S.; Inai, H.; Hidaka, T.; Fukuzaki, T.; Ohkata, K. （2002） *J. Org. Chem.*, **67**,

4093.

56) Craig, D.; Ley, S. V.; Simpkins, N. S.; Whitham, G. H.; Prior, M. J. (1985) *J. Chem. Soc., Perkin Trans. 1*, 1949.

57) Mori, Y.; Yaegashi, K.; Furukawa, H. (1996) *J. Am. Chem. Soc.*, **118**, 8158.

58) Ando, K.; Wada, T.; Okumura, M.; Sumida, H. (2015) *Org. Lett.*, **17**, 6026.

59) Julia, M.; Paris, J.-M. (1973) *Tetrahedron Lett.*, 4833.

60) a) Baudin, J. B.; Hareau, G.; Julia, S. A.; Ruel, O. (1991) *Tetrahedron Lett.*, **32**, 1175.
   b) Baudin, J. B.; Hareau, G.; Julia, S. A.; Ruel, O. (1993) *Bull. Soc. Chim. Fr.*, **130**, 336.
   c) Baudin, J. B.; Hareau, G.; Julia, S. A.; Lorne, R.; Ruel, O. (1993) *Bull. Soc. Chim. Fr.*, **130**, 856.

61) Blakemore, P. R.; Cole, W. J.; Kocienski, P. J.; Morley, A. (1998) *Synlett*, 26.

62) Kocienski, P. J.; Bell, A.; Blakemore, P. R. (2000) *Synlett*, 365.

63) 総説：a) Blakemore, P. R. (2002) *J. Chem. Soc., Perkin Trans. 1*, 2563.
   b) Aïssa, C. (2009) *Eur. J. Org. Chem.*, 1831.

64) Evans, D. A.; Fitch, D. M.; Smith, T. E.; Cee, V. J. (2000) *J. Am. Chem. Soc.*, **122**, 10033.

65) Bellingham, R.; Jarowicki, K.; Kocienski, P.; Martin V. (1996) *Synthesis*, 285.

66) Kang, S. H.; Kang, S. Y.; Kim, C. M.; Choi, H.; Jun, H.-S.; Lee, B. M.; Park, C. M.; Jeong, J. W. (2003) *Angew. Chem. Int. Ed .*, **42**, 4779.

67) Billard, F.; Robiette, R.; Pospíšil, J. (2012) *J. Org. Chem.*, **77**, 6358.

68) Sorg, A.; Brückner, R. (2005) *Synlett*, 289.

69) Paterson, I.; Findlay, A. D.; Noti, C. (2008) *Chem. Commun.*, 6408.

70) 総説：K. Ando, (2017) 'New Horizones of Process Chemistry' ed. by K. Tomioka, T. Shioiri, and H. Sajiki, Springer, pp. 147-162.

71) Hale, K. J.; Domostoj, M. M.; Tocher, D. A.; Irving, E.; Scheinmann, F. (2003) *Org. Lett.*, **5**, 2927.

72) Aissa, C, (2006) *J. Org. Chem.*, **71**, 360.

73) Ando, K.; Kobayashi, T.; Uchida, N. (2015) *Org. Lett.*, **17**, 2554.

74) Dias, L. C.; Lucca, Jr. E. C. (2015) *Org. Lett.*, **17**, 6278.

75) Evans, D. A.; Rajapakse, H. A.; Chiu, A.; Stenkamp, D. (2002) *Angew. Chem. Int. Ed .*, **41**, 4573.

76) Liu, P.; Jacobsen, E. N. (2001) *J. Am. Chem. Soc.*, **123**, 10772.

77) Takai, K.; Nitta, K.; Utimoto, K. (1986) *J. Am. Chem. Soc.*, **108**, 7408.

78) Okazoe, T.; Takai, K.; Utimoto, K. (1987) *J. Am. Chem. Soc.*, **109**, 951.

参考文献　*109*

79) Takai, K.; Shinomiya, N.; Kaihara, H.; Yoshida, N.; Moriwake, T.; Utimoto, K. (1995) *Synlett*, 963.

おわりに

　カルボニル化合物からのアルケン合成は，Wittig 反応の開発から始まりました．Wittig 反応は不安定イリドを用いると，熱力学的に不安定なシス-アルケンを選択的に与え，また安定イリドではトランス-アルケンが得られることから，立体選択的な合成が可能になりました．その後反応性や副生成物の問題を解決するため HWE 反応が開発され，Wittig 反応で得られない立体をもつアルケンの合成を目指して Peterson 反応や Julia 型オレフィン化反応などが開発されています．現在，適する方法を選べばほとんどの二置換アルケンの立体制御が可能になってきています．アルデヒドやケトンはアルコールの酸化で得られるため，長い合成経路の途中の段階でも基質の調製が容易であることも利点といえます．

　クロスカップリング反応は非常に高い立体特異性でアルケンを与えることが特徴です．さらに三置換や四置換アルケンの合成も可能になってきています．しかし，立体選択的なアルケン合成のためには原料を立体選択的あるいは特異的に合成する方法と組み合わせる必要があります．そのためにアルキンのヒドロアルミニウム化，ヒドロホウ素化，ヒドロスタニル化などと組み合わせた反応開発が行われてきました．

　カップリングパートナーであるハロアルケンの立体選択的な合成は Wittig 反応をはじめとするカルボニル化合物のオレフィン化反応の得意分野です．今後はクロスカップリングとカルボニル化合物のオレフィン化反応がお互いの長所を活かしより強力に連携していくのではないかと思います．クロスカップリングとカルボニル化合物のオレフィン化反応が，同じフラスコの中で同時に起こり，一挙

に複雑な化合物が立体選択的に組み立てられていくようなイメージ
をもっています.

　新しい反応が見つかると，その反応を最大限に活用しようとする
研究者や，その反応の欠点を改良しようとする研究者が現れます.
これを繰り返して「有機合成化学」は発展してきたのだという事実
を，筆者は本書を執筆していて実感しました.「アルケンの立体選
択的合成」にはまだ解決すべき問題がいくつも残されています. 今
後もいくつかのブレイクスルーとなる発見やその改良が新しいペー
ジとして加わっていくものと思います. 若い方々の活躍が新しい
ページを彩ってくれるものと期待しています.

索　引

【欧字】

Ando 試薬 ……………………………61

Arbuzov 反応 …………………………49

Barbier 条件 …………………………91

Bestmann 試薬 ………………………43

BT-スルホン …………………………90

E1 脱離反応 ……………………………6

E2 脱離反応 ……………………………7

Felkin-Anh モデル …………………76

gem-ジクロム中間体 ………………104

Hofmann 則 ……………………………8

Horner-Wadsworth-Emmons（HWE）
　反応 …………………………………48

HWE アミド試薬 ……………………68

HWE スルホン酸エチル試薬 …………72

HWE スルホン試薬 ……………………72

HWE ニトリル試薬 ……………………66

HWE 反応の反応機構 …………………52

IUPAC 命名法 …………………………1

Julia-Kocienski 反応 …………………92

Julia オレフィン化反応 ………………90

Lindlar 触媒 …………………………12

mol% ……………………………………19

NMR ……………………………………3

One-pot Julia 反応 ……………………90

Peterson 反応 …………………………73

PT-スルホン …………………………92

salt-free 条件 …………………………38

Saytzev 則 ……………………………7

Schlosser 法 …………………………39

Smiles 転位 …………………………91

Still-Gennari 試薬 ……………………59

TBT-スルホン …………………………94

TON（触媒回転数）……………………20

Weinreb アミド ………………………68

Wittig 反応 ……………………………35

Z-E 異性体 ……………………………2

α,β-エポキシシラン …………………78

α-シリルアセトニトリル試薬 …………85

α-シリルアミド試薬 …………………87

α-シリルケトン ………………………76

α-シリル酢酸エステル試薬 …………80

α-シリルスルホン ……………………87

α 位 ……………………………………9

β 位 ……………………………………9

β 脱離反応 ……………………………5

【ア行】

アピカル位 ……………………………53

アリル位 ………………………………6

アルケニルトリフラート ……………31

アルケニルボロン酸エステル ………105

アルケン ………………………………1

アンチ脱離 ……………………………8

索 引

安定イリド ……………………………39
イプソ位 …………………………………91
イミンの Witting 反応 …………………45

エクアトリアル位 ………………………53
エピマー ………………………………101
エリトロ，トレオ付加体 ………………52

オキサホスフェタン ……………………36
オレフィン化 ……………………………35
オレフィンメタセシス反応 ……………33

【カ行】

カルボメタル化反応 ……………………15
還元的脱離 ………………………………24

逆 Markovnikov 型反応 ………………14
キラルカルボアニオン …………………88
キレート構造 ……………………………54
金属交換 …………………………………24

クロスカップリング反応 ………………17

ケイ素の α 効果 …………………………75
原子効率 …………………………………37

【サ行】

酸化的付加 ………………………………24

ジエン …………………………………21, 96
シス選択的 HWE 試薬 …………………59
シス-トランス異性体 ……………………2
シュードローテーション ………………53
準安定イリド ……………………………43
触媒的 Wittig 反応 ……………………47
シン脱離 …………………………………9

鈴木-宮浦カップリング ………………26

【タ行】

高井-内本オレフィン化反応 …………104
脱水反応 …………………………………6

電気陰性度 …………………………30, 75

【ナ行】

根岸カップリング ………………………24

【ハ行】

ハロアルケン …………………………46, 104

ヒドロホウ素化反応 ……………………13
ヒドロメタル化反応 ……………………13

不安定イリド ……………………………37
フェニルスルホン試薬 …………………90
分子内 HWE 反応 ………………………65

ベンジル位 ………………………………6

ホスホン酸エステル ……………………48

【マ行】

正宗-Roush 法 …………………………56
末端アルケンの合成 ………………79, 99

右田-小杉-Stille カップリング ………29
溝呂木-Heck 反応 ………………………18
光延反応 …………………………………92

無溶媒反応 ………………………………57

【ヤ行】

有機スズ化合物 …………………………29
有機セリウム反応剤 ……………………79
有機ホウ素化合物 ………………………27
優先順位則 ………………………………2

溶解金属還元 ……………………………13
溶媒和 ……………………………………13

【ラ行】

律速段階 ………………………………55

立体特異的 ……………………………8
リンイリド ……………………………35

【ワ行】

ワンポット合成 ………………………19,50

Memorandum

〔著者紹介〕

安藤香織（あんどう　かおり）
1986年　東京大学薬学系大学院博士課程修了
現　在　岐阜大学工学部　教授
　　　　博士（薬学）
専　門　有機合成化学，計算有機化学

化学の要点シリーズ　27　Essentials in Chemistry 27
アルケンの合成 —どのように立体制御するか—
Synthesis of Alkenes–How to Control the Stereochemistry of Alkenes

2018年10月30日　初版1刷発行
著　者　安藤香織
編　集　日本化学会　Ⓒ2018
発行者　南條光章
発行所　共立出版株式会社
　　　　［URL］　www.kyoritsu-pub.co.jp
　　　　〒112-0006 東京都文京区小日向4-6-19　電話 03-3947-2511（代表）
　　　　振替口座　00110-2-57035
印　刷　藤原印刷
製　本　協栄製本　　　　　　　　　　　　　　　　　　　　　　printed in Japan

検印廃止
NDC 437
ISBN 978-4-320-04468-5

一般社団法人
自然科学書協会
会員

JCOPY ＜出版者著作権管理機構委託出版物＞
本書の無断複製は著作権法上での例外を除き禁じられています．複製される場合は，そのつど事前に，出版者著作権管理機構（ＴＥＬ：03-3513-6969，ＦＡＸ：03-3513-6979，e-mail：info@jcopy.or.jp）の許諾を得てください．

化学の要点シリーズ

日本化学会 編／全50巻刊行予定

❶ 酸化還元反応
佐藤一彦・北村雅人著‥‥‥‥本体1700円

❷ メタセシス反応
森 美和子著‥‥‥‥‥‥‥‥‥本体1500円

❸ グリーンケミストリー
社会と化学の良い関係のために
御園生 誠著‥‥‥‥‥‥‥‥‥本体1700円

❹ レーザーと化学
中島信昭・八ッ橋知幸著‥‥‥‥本体1500円

❺ 電子移動
伊藤 攻著‥‥‥‥‥‥‥‥‥‥本体1500円

❻ 有機金属化学
垣内史敏著‥‥‥‥‥‥‥‥‥‥本体1700円

❼ ナノ粒子
春田正毅著‥‥‥‥‥‥‥‥‥‥本体1500円

❽ 有機系光記録材料の化学
色素化学と光ディスク
前田修一著‥‥‥‥‥‥‥‥‥‥本体1500円

❾ 電 池
金村聖志著‥‥‥‥‥‥‥‥‥‥本体1500円

❿ 有機機器分析
構造解析の達人を目指して
村田道雄著‥‥‥‥‥‥‥‥‥‥本体1500円

⓫ 層状化合物
高木克彦・高木慎介著‥‥‥‥‥本体1500円

⓬ 固体表面の濡れ性
超親水性から超撥水性まで
中島 章著‥‥‥‥‥‥‥‥‥‥本体1700円

⓭ 化学にとっての遺伝子操作
永島賢治・嶋田敬三著‥‥‥‥‥本体1700円

⓮ ダイヤモンド電極
栄長泰明著‥‥‥‥‥‥‥‥‥‥本体1700円

⓯ 無機化合物の構造を決める
X線回析の原理を理解する
井本英夫著‥‥‥‥‥‥‥‥‥‥本体1900円

⓰ 金属界面の基礎と計測
魚崎浩平・近藤敏啓著‥‥‥‥‥本体1900円

⓱ フラーレンの化学
赤阪 健・山田道夫・前田 優・永瀬 茂著
‥‥‥‥‥‥‥‥‥‥‥‥‥‥‥本体1900円

⓲ 基礎から学ぶケミカルバイオロジー
上村大輔・袖岡幹子・阿部孝宏・闐闐孝介
中村和彦・宮本憲二著‥‥‥‥‥本体1700円

⓳ 液 晶
基礎から最新の科学とディスプレイテクノロジーまで
竹添秀男・宮地弘一著‥‥‥‥‥本体1700円

⓴ 電子スピン共鳴分光法
大庭裕範・山内清語著‥‥‥‥‥本体1900円

㉑ エネルギー変換型光触媒
久富隆史・久保田 純・堂免一成著
‥‥‥‥‥‥‥‥‥‥‥‥‥‥‥本体1700円

㉒ 固体触媒
内藤周弌著‥‥‥‥‥‥‥‥‥‥本体1900円

㉓ 超分子化学
木原伸浩著‥‥‥‥‥‥‥‥‥‥本体1900円

㉔ フッ素化合物の分解と環境化学
堀 久男著‥‥‥‥‥‥‥‥‥‥本体1900円

㉕ 生化学の論理 物理化学の視点
八木達彦・遠藤斗志也・神田大輔著
‥‥‥‥‥‥‥‥‥‥‥‥‥‥‥本体1900円

㉖ 天然有機分子の構築 全合成の魅力
中川昌子・有澤光弘著‥‥‥‥‥本体1900円

㉗ アルケンの合成
どのように立体制御するか
安藤香織著‥‥‥‥‥‥‥‥‥‥本体1900円

【各巻：B6判・並製・94〜224頁】 **共立出版**
※税別本体価格※
（価格は変更される場合がございます）